宠爱一生

学会好好

爱猫咪

张春红 主编

江西科学技术出版社
· 南昌 ·

图书在版编目（ＣＩＰ）数据

宠爱一生：学会好好爱猫咪 / 张春红主编. -- 南
昌：江西科学技术出版社，2019.1
　ISBN 978-7-5390-5946-4

Ⅰ. ①宠… Ⅱ. ①张… Ⅲ. ①猫—驯养 Ⅳ.
①S829.3

中国版本图书馆CIP数据核字(2018)第162302号

选题序号：ZK2018209
图书代码：B18109-101
责任编辑：张旭　周楚倩

宠爱一生：学会好好爱猫咪
CHONGAI YISHENG：XUEHUI HAOHAO AI MAOMI

张春红　主编

摄影摄像	深圳市金版文化发展股份有限公司
选题策划	深圳市金版文化发展股份有限公司
封面设计	深圳市金版文化发展股份有限公司
出　　版	江西科学技术出版社
社　　址	南昌市蓼洲街2号附1号
	邮编：330009　电话：（0791）86623491　　86639342（传真）
发　　行	全国新华书店
印　　刷	深圳市雅佳图印刷有限公司
开　　本	720mm×1020mm　1/16
字　　数	150 千字
印　　张	10
版　　次	2019年1月第1版　2019年1月第1次印刷
书　　号	ISBN 978-7-5390-5946-4
定　　价	39.80元

赣版权登字：-03-2018-352

Preface 序言

　　伴侣动物带给现代人们无限的乐趣，特别是在少子化、高龄化的社会结构之下，伴侣动物对于人们更加具有缓解压力、抚慰心灵的作用。众多的伴侣动物中以猫、狗为主，特别是发达国家，饲养猫咪的数量更是多于狗狗的数量！假如你只是喜欢猫，那么，去养猫的朋友家，抱抱他的猫，和猫游戏片刻，你的欲望就可立刻得到满足。但若你要自己养只猫，你面对的将是饲养一条生命，这个意味着你需承担更多的责任，需要具备更严肃的态度及足够的耐心、细心和信心去好好照顾这个与你一样尊贵的生命。

　　你每天需要花很多时间去照顾它的饮食起居，时时刻刻都要担心它的身体健康，出门在外还要挂念它的安全等，简直就像为自己找了一个负担一样。那么，你是否有足够的爱心和耐心来承受这个甜蜜的负担呢？在你决定饲养一只猫之前，这些都是需经过深思熟虑的。若你坚信有照顾这个生命一生的勇气和耐心，假如你的经济负担足够提供舒适的生活给它，那么，恭喜你，你可去尝试饲养一只猫了。当然，当你决定把猫带回家之前，还有很多的工作需要做，你需对猫——这个即将融入你生活中的生命，做一个透彻而全面性的了解。

猫的身体构造

　　猫咪生下来就是一个狩猎高手，拥有优越的眼力、听力以及运动能力。猫咪身体的每一个器官都有各自的功能，看似独立但却是缺一不可的整体。猫咪的每个习惯具有互补的作用，缺少任何一个感觉器官，猫咪都无法完成完美的狩猎行为。

尾巴

当猫咪在奔跑或者在狭窄的地方走路时，会摇晃尾巴来维持身体的平衡。此外，猫咪的尾巴也可以用来表达情感，例如，猫咪不开心的时候，尾巴会快速地左右摆动；受到惊吓时，尾巴上的毛会竖起来，看起来又粗又大。另外，当母猫带着小猫移动时，母猫的尾巴就像北极星一样，可以作为指引的记号，小猫跟着母猫举高尾巴的方向走，就不会迷路。

肘部

肘部是猫跳跃的主要力量来源。当猫咪趴下或趴着要起来时，是靠肘部来支撑身体的。另外，猫咪肘部弯曲时会积蓄力量，伸展时会利用这个力量来跳跃。

腕部

猫的腕部是由八块小骨头组成的，这种构造让猫的腕部关节可以灵活地运动，所以在前脚攀爬或者狩猎变得更容易。

膝

猫的膝关节与肘关节的作用是一样的。当膝关节弯曲并伸展时，可产生类似弹簧一样强而有力的弹力。由于具有这个特性，猫咪的跳跃高度可达到自己身长的五倍。

飞节

节相当于人的脚跟，但猫咪的"脚后跟"在比较高的位置，就像是人类踮着脚尖走路。这个特征使猫咪在跑步时与地面的摩擦力很小，腿的力量变大。因此，无论猫咪在任何时候开始跑步，都能发挥瞬间的爆发力。

眼睛

猫咪的视野是 280 度，对于快速移动的物体或者是在黑暗的房间里，都可看得很清楚。

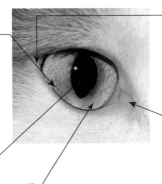

眼睑（眼皮）

可充分保护眼球，而泪腺所分泌的眼泪也能提供给眼球表面组织足够的湿润度。

虹膜

虹膜可控制瞳孔的大小，虹膜上有大量色素细胞的分布，可保护视网膜、水晶体、玻璃体不瘦紫外线的伤害，也是很多猫咪品种判定的重要依据。

第三眼睑

靠近鼻梁的眼角内侧有一小块可往外滑动的白色组织，就是所谓的第三眼睑，或称瞬膜，这是人类没有的构造，具有分泌泪液、分布泪液及保护眼球的功能。

瞳孔

瞳孔就是眼睛正中央所见的黑色孔径，会随着光线的强弱增大或缩小。

巩膜

巩膜也就是眼白部分，它的上面覆盖着一层透明的结膜，在眼白上可能会看到几条较粗的血管分布。

鼻子

猫咪的鼻子可闻到 500 米以外的味道。

鼻镜

汗和皮脂让鼻镜变得湿润，因此气味分子容易附着，使猫咪的嗅觉变得比较敏锐。

舌头

猫咪的舌头表面布满向喉内生长的细小倒刺。

猫舌的丝状乳头

倒刺具有相当重要的功能！当猫咪在舔身体时，像梳子在梳理毛发；在吃饭或者喝水时，不仅有勺子的作用，还可将猎物骨头上的肉剔除干净。

牙齿 猫咪幼年时期有 26 颗牙齿，6 个月之后会更换成 30 颗永久齿。永久齿和人类一样分成三种，作用各有不同，一旦掉了就不会再长出来了！

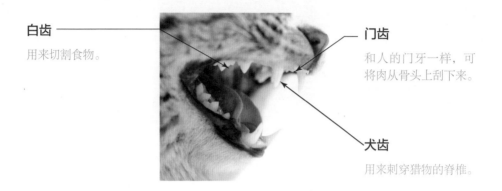

白齿
用来切割食物。

门齿
和人的门牙一样，可将肉从骨头上刮下来。

犬齿
用来刺穿猎物的脊椎。

肉垫 肉垫是一个有很多神经通过的感觉器官，与人的指腹一样敏感。猫咪走路不会发出声音，是因为肉垫着地时可作为减震器，并且有消音效果。除此之外，肉垫也是猫体内少数有汗腺的地方，因此肉垫具有排汗功能。并且趾间也有臭腺，在流汗时臭腺也会一起排出，留下气味。

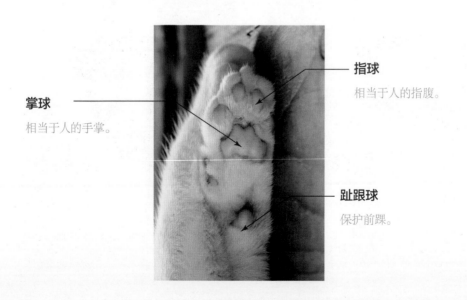

指球
相当于人的指腹。

掌球
相当于人的手掌。

趾跟球
保护前踝。

爪子 猫咪的指甲又弯又尖，爪子形状也很适合用来压制猎物。另外，猫咪的爪子可伸缩自如，把爪子收起来能防止磨损指甲，走起路不会发出声音，也就能够缓慢地向猎物靠近，避免惊动对方。

胡须 猫咪会以胡须来测量可以通过区域的宽度。

耳朵 猫咪的耳朵可听到的声音范围是人类听觉范围的三倍。

Contents 目录

Part
03

猫咪日常清洁要知道

Part
04

猫咪喂养经

Part

05

读懂"猫语"驯好猫

Part
06

猫咪生病怎么办

受欢迎的
家养猫咪

猫的种类有很多，中国最著名的有狸花猫，国外有布偶猫、波斯猫、曼克斯猫、英国短尾猫、俄罗期蓝猫、孟买猫、欧西猫、苏格兰折耳猫、泰国猫、新拉美国短毛猫等。若你下定决心，做好了养猫的准备，那么请首先了解一下猫的种类，选择一只适合自己的可爱猫咪，带它回家吧！

美国短毛猫

美国短毛猫是原产美国的一种猫，其祖先为欧洲早期移民带到北美的猫种，与英国短毛猫和欧洲短毛猫同类。该品种的猫是从街头巷尾收集来的猫当中选种，并且和进口品种猫如英国短毛猫、缅甸猫和波斯猫杂交培育而成。被毛厚密，毛色多达30余种，其中银色条纹品种尤为名贵。美国短毛猫遗传了其祖先的健壮、勇敢和脾气好，性格温和，不会因为环境或心情的改变而改变。它充满耐性，和蔼可亲，不会乱发脾气，不喜欢乱吵乱叫，适合有小孩子的家庭饲养。另外，美国短毛猫抵抗力较强。这种猫咪的体力很好，因此，家中需要有足够的空间让其尽情玩耍。

[原产地] 美国

[体重] 4~6 千克

[毛色] 多达 30 余种，其中银色条纹品种尤为名贵

[性格特征] 温顺，与人亲近，聪明，喜欢冒险

[易养指数] ★ ★ ★

[价格] 1000~3500 元

我是 baby

英国短毛猫

[原产地] 英国

[体重] 4~8 千克

[毛色] 蓝色、白色、黑色、奶油色

[性格特征] 总是悠然自得的样子，
聪明，偶尔会撒娇

[易养指数] ★ ★ ★

[价格] 500~4000 元

英国短毛猫在英国本地很早就获得认可，1901 年还出现其猫种之理想形象。1970 年，毛色和外型都开始改变，体型越来越小，毛色的种类也变得丰富，所有的改变都朝向优雅的风格。它大胆好奇，但非常温柔，适应能力也很强，不会因为环境的改变而改变，也不会乱发脾气，更不会乱叫。它只会尽量爬到比较高的地方，低着头瞪着那双圆圆的大眼睛面带微笑地俯视着你，就好像《爱丽丝梦游仙境》中提到的那只叫作"路易斯"的猫一样，不用语言，只用那可爱的面部表情就抓住了你的心，再也无法改变你对它的爱。

我是 baby

[原产地] 中国

[体重] 3~6 千克

[毛色] 棕色或深棕色，也有白色，额头有"M"形纹

[性格特征] 含蓄，充满自信，对主人依赖性高，爱好运动

[易养指数] ★ ★ ★

[价格] 500~1000 元

中国狸花猫

中国是狸花猫的原产地。它属于自然猫，是在千百年中经过许多品种的自然淘汰而保留下来的品种。狸花猫受人们喜欢，是因为它有非常漂亮的皮毛和健康的身体，特别容易喂养，对捕捉老鼠也是十分在行。它有非常适中的身材，不但有很宽的胸腔，还很深、很厚。四肢同尾巴一样，长度适中，并且强健，具有发达的肌肉。狸花猫有独立的性格，爱好运动，非常开朗，如果周围的环境出现了改变，它会表现得十分敏感。它对主人的依赖性非常高，如果给它换了个主人，它的心理会受到伤害。

我是baby

[原产地] 英国苏格兰

[体重] 3~6 千克

[毛色] 其毛色繁多,包括纯色、斑纹及双色等,亦有长毛及短毛之分

[性格特征] 温柔可人,能够包容其他猫咪

[易养指数] ★ ★ ★

[价格] 800~3000 元

苏格兰折耳猫

苏格兰折耳猫是一种耳朵有基因突变的猫种。由于此猫种最初在苏格兰发现,所以以它的发现地和身体特征而命名。这种猫在耳部软骨部分有一个折,使耳朵向前屈折,并指向头的前方。也正因如此,这种猫患有先天骨科疾病,时常用坐立的姿势来缓解痛苦。它乐意与人为伴,并用它特有的这种安宁的方式来表达。苏格兰折耳猫性格平和,对其他的猫和狗很友好、温柔,感情丰富,有爱心,很贪玩,非常珍惜家庭生活。它们的声音很柔和,生命力顽强,也是优秀的猎手。必须特别留心它的耳部,为了防止耳骨变形,两只折耳猫不能交配繁殖。

我是baby

曼切堪猫

曼切堪猫又叫曼基康猫、短腿猫、矮脚猫、腊肠猫，是一种新创的猫品种，源自随机突变造成的有着极短四肢的小矮猫。曼切堪猫有着各色长短不同的被毛。因为它们矮短的身材，所以并不擅于爬或跳等动作，且它们只适于室内生活，但它们异常好动、动作敏捷，能适应快速的奔跑。突变仅影响四肢，在其他方面完全正常和健康。虽然猫爸和猫妈都是短腿，但是有时候也会生出长腿的孩子。曼切堪猫生性温柔、热情，喜欢与人做伴，和其他动物也可以很好地相处，喜欢热闹，爱玩耍，非常愿意让人抱在怀里。

[原产地] 美国

[体重] 3~5 千克

[毛色] 有各种颜色和花式

[性格特征] 性格开朗，非常依赖主人，喜欢撒娇，好奇心很强，求知欲旺盛

[易养指数] ★ ★ ★

[价格] 3000~10000 元

我是baby

[原产地] 日本

[体重] 3.5~7 千克

[毛色] 白色为基本色，三色的比较名贵，也有深色类似老虎皮带有斑纹的及其他颜色

[性格特征] 生性聪明，伶俐温顺，公猫稳重大方，雌猫优雅华贵

[易养指数] ★★★

[价格] 8000~10000 元

我是baby

日本短尾猫

  日本短尾猫又名日本截尾猫，是"招财猫"的原型，因为这种猫坐着的时候往往要抬起一只前爪。它具有独特的东洋五官，体毛十分光滑，在日本非常受欢迎。据说有一个住在日本的美国女性爱猫者，发现日本有一种猫，尾巴像兔尾一样短，很是可爱。这种猫就是现在的日本短尾猫的祖先。日本短尾猫的尾巴仅长 10 厘米左右，与马恩岛猫都是尾巴最短的猫品种。日本短尾猫中以三色猫最为受欢迎，玳瑁色混白色花猫则被认为大吉大利，但红白猫、白猫也很多，其个性开朗，重感情，对小猫的照顾可以说无微不至。

挪威森林猫

[原产地] 挪威

[体重] 3~9 千克

[毛色] 毛的颜色及图案很多元化，包括黑色、白色、蓝色、红色、啡虎斑、双色、银虎斑等

[性格特征] 安静，独立，重感情，和人类亲近

[易养指数] ★ ★ ★

[价格] 500~4000 元

我是baby

　　"挪威森林里的猫"，是一种在大自然中成长起来的、外形很威武的猫咪品种，其祖先栖息在极度寒冷的挪威森林中，是斯堪的纳维亚半岛上特有的猫种。它拥有如丝般飘动的毛发，耳朵内的毛可长达 7~10 厘米，一直沿耳边伸出。尾巴若梳理得宜的话，毛发可展开达 30 厘米或更长。另一个令挪威森林猫吸引人的地方就是那围颈的鬃毛，长而且浓密。丰厚的毛皮和强壮的体格让这类猫咪很耐寒。挪威森林猫看起来很沉稳优雅，实际上强壮有力，跳跃性很好，动作非常灵敏，奔跑速度极快，不怕日晒雨淋，行走时颈毛和尾毛飘逸，非常美丽。

[原产地] 俄罗斯

[体重] 3~5 千克

[毛色] 有灰色、蓝灰色，看上去散发着水貂皮一样的银灰光泽

[性格特征] 性格敏感内向，喜欢安静，顺从主人，喜欢撒娇，几乎不怎么叫

[易养指数] ★ ★ ★

[价格] 500~3000 元

我是baby

俄罗斯蓝猫

俄罗斯蓝猫是宠物猫的品种之一，历史上曾被称做阿契安吉蓝猫。过去该类猫种的毛色只有蓝色，20世70年代培育出黑白毛色的俄罗斯蓝猫，但纯种的俄罗斯蓝猫毛色还是呈现中等深度的蓝色，这在猫类的毛色中并不常见，所以被视作一种贵族猫。俄罗斯蓝猫的起名来由源于身上蓝色间杂银色渐层的毛发，而且被世人所知的就是天性中与生俱来的聪颖与好玩，以及在陌生人面前害羞腼腆的个性。由于俄罗斯蓝猫的个性与特殊的银蓝毛色，常使它们在人群中颇为吃香，并与周遭喜爱它们的人们发展出极亲密的情感。该猫喜欢宁静的家庭，最适合爱安静的老人饲养。

布偶猫 $

布偶猫又称"布拉多尔"，正如它的名字"布偶"一样，它性格温和，体表毛发丰厚，属于体格比较大的猫种，成年公猫有的甚至将近10千克。布偶猫较为温顺好静，对人友善，美丽优雅，有着非常类似于狗的性格，因而又被称为"仙女猫""小狗猫"。特殊的外貌和温和的性格是布偶猫最大的特点之一。此外，布偶猫是一个晚熟的品种，它们的毛色至少要到2岁才会足够丰满，而体格和体重则要至少4岁才能发育完。刚出生的幼猫全身是白色的，一周后幼猫的脸部、耳朵、尾巴开始有颜色变化，直到2岁时被毛才稳定下来，3~4岁才完全长成。

[原产地] 美国

[体重] 4.5~9 千克

[毛色] 毛色不多，通常以海豹色和三色或双色为主

[性格特征] 顺从人类，特别温和，平时表现沉稳，有时也会撒娇

[易养指数] ★★★

[价格] 1500~10000 元

我是baby

[原产地] 英国

[体重] 3.5~7 千克

[毛色] 白色、黑色、红色、黄色、暗灰色、蓝色、双色、玳瑁色、杂色、虎斑色等，其中以红色的品种尤为名贵

[性格特征] 温柔，与人亲近，喜欢独自静静地玩耍，几乎不怎么叫

[易养指数] ★★★

[价格] 600~6000 元

我是baby

波斯猫

波斯猫是所有猫中生存年代最久远的一个品种。波斯猫毛发很长，姿态优雅，让人怜爱的外表使它长久以来备受人们的喜爱，有"猫中王子"之称，是世界上爱猫者最喜欢的纯种猫之一，占有极其重要的地位。圆滚滚的身体看起来有些胖，但是实际上肌肉结实。又大又圆的眼睛和塌塌的鼻梁是波斯猫的主要特征，它还具有柔软的双层毛发，细密丰厚。波斯猫性格温柔，喜欢与人亲近，也喜欢独自静静地玩耍，几乎不怎么叫。经繁殖培育，波斯猫的颜色及品种越来越多，毛色大致分五大色系，近88种毛色，其中红色和玳瑁色较为罕见，十分珍贵。

缅因猫

缅因猫因原产于美国缅因州而得名，是北美自然产生的第一个长毛品种，约于18世纪中叶形成较稳定品种。缅因猫体格强壮，被毛厚密，长像与西伯利亚森林猫相似，在猫类中亦属大体型的品种。中间脸型，耳位高，耳朵大，眼间距较宽，脑门上有M型虎斑。缅因猫性格倔强，勇敢机灵，喜欢独处，但能与人很好相处，是良好的宠物。它睡觉的习惯很特别，喜欢睡在最偏僻古怪的地方。有人提出一种理论来解释这种习性，说它的祖先农场猫习惯睡在高低不平的地方。另外，缅因猫有一不同寻常的特点是，它能发出像小鸟般唧唧的轻叫声，非常动听。

[原产地] 美国

[体重] 5~8 千克

[毛色] 包括纯色、斑纹、双色、三色、银影色、玳瑁色等

[性格特征] 性格外向，好奇心强，有时候也很安静，喜欢自由

[易养指数] ★★★

[价格] 1000~10000 元

我是 baby

暹罗猫

暹罗猫又称西母猫、泰国猫，是世界著名的短毛猫，原产于泰国（故名暹罗）。在 200 多年前，这种珍贵的猫仅在泰国的土官和大寺院中饲养，是足不出户的贵族。被誉为"猫中王子"的暹罗猫，可能是猫中性格最外向的了。它的性情难以预测，个性强而且好奇心强。它并不安静，如果你想要找的是性情活泼的猫，暹罗猫是你最佳的选择。它非常敏感而情绪化，喜欢有人陪伴，不喜欢孤独，不能忍受冷漠。它是个"大嘴巴"，常常沙哑而大声的侵扰主人，四处尾随主人希望以此得到关注。它喜好交际，喜欢和孩子们一起玩耍，但它不喜欢和其他猫呆在一起。

[原产地] 泰国

[体重] 3~4 千克

[毛色] 海豹色、蓝色、巧克力色、淡紫色

[性格特征] 任性，但很重感情，与人亲近，喜欢"吃醋"，不宜与其他猫咪共同饲养

[易养指数] ★ ★ ★

[价格] 1000~3000 元

我是baby

拉邦猫

[原产地] 美国俄勒冈州

[体重] 3.5~7 千克

[毛色] 可以为任何颜色和波纹

[性格特征] 顺从主人，与人亲近，
聪明温顺，喜欢撒娇，爱玩耍

[易养指数] ★ ★ ★

[价格] 5000~8000 元

拉邦猫它最显著的特征就是与众不同的毛发，十分的柔软、卷曲，像毛茸茸的烫发。它们的毛发有长有短，短的弯曲，长的呈螺旋状，此外还长有直发。很多拉邦猫在刚出生的时候没有毛发，样子奇丑无比，但过不了多久，丑小鸭就会慢慢变成天鹅。拉邦猫聪明温顺，喜欢撒娇，爱玩耍。它拥有优雅健美的身材，并且十分重感情，活跃且外向，被认为是低敏感的猫，对人类的过激反应比其他品种的猫低许多。拉邦猫喜欢与人亲昵，尤其喜欢触碰主人的脸，用它们的爪子和脸对着主人的脑袋、脖子和脸。

我是baby

[原产地] 美国

[体重] 3.5~7 千克

[毛色] 颜色多样，但明朗的颜色为佳

[性格特征] 活跃，温顺，感情丰富，
爱玩耍，和其他的猫以及狗相处融洽

[易养指数] ★ ★ ★

[价格] 2000~8000 元

我是 baby

塞尔凯克卷毛猫

　　塞尔凯克卷毛猫又被称为"披着羊皮的猫"，是四种卷毛猫之一，毛发像被烫卷了一样，它们的卷毛基因来自家猫的一次基因自然突变。1987年在蒙大拿州，有一个野生蓝色玳瑁白猫生出了一窝5只小猫，其中有一只非常奇怪，有卷曲的胡须，耳朵和身体披毛看上去有一些波浪。那只猫就是塞尔凯克卷毛猫的始祖。它的主人让这只卷毛猫与自己的一只获奖波斯猫交配，并将后来的猫种称为"塞尔凯克"以纪念她的继父，这也是唯一一个以人名命名的猫种。塞尔凯克卷毛猫性格活泼，好动爱玩，适合与小朋友一起玩耍，是令人愉悦的伴侣，非常适合公寓生活。

美国卷耳猫

美国卷耳猫起源于美国加利福尼亚州，据说源自 1981 年一只被丢弃的黑色母猫，但是直到 1983 年才开始品种选育，并成为猫世界的稀有的新成员。由美国卷耳猫的双亲所产下的幼猫，形成卷耳的几率只有 50%。出生时，外观与一般猫无异，出生 4~7 天后逐渐开始变化，形成卷耳。理想的美国卷耳猫体型中等，样子机警，表情甜美。长毛、短毛品种都有着柔软的丝般被毛，但长毛品种的尾巴是毛蓬蓬的。两个品种的猫底毛都很少，所以被毛都很容易打理，偶尔洗澡和经常性的梳理就足够了。对它们的耳朵要特别小心，以免折断耳朵的软骨。

[原产地] 美国

[体重] 3~5 千克

[毛色] 毛色多达 70 种，包括白色、黑色、蓝色、淡紫色、啡虎斑、银虎斑、红虎斑等

[性格特征] 聪明伶俐，温顺可爱，喜欢向人索求抚摩及撒娇，好奇心强

[易养指数] ★ ★ ★

[价格] 1000~5000 元

我是 baby

[原产地] 美国

[体重] 3~6.5 千克

[毛色] 具备多种颜色及图案，包括纯色、烟色、斑纹、双色及重点色等

[性格特征] 温和、沉稳、温柔

[易养指数] ★ ★ ★

[价格] 1500~5000 元

异国短毛猫

"既有波斯猫的特征，同时毛发较短便于打理"，为了满足猫咪饲养者的这种期望，通过把波斯猫和美国短毛猫进行交配而生下这样的猫种。经过了多年的品种改良，它依然保持着与波斯猫十分相像的性格。理想的异国短毛猫应是骨骼强壮、身材均称、线条柔软及圆润的。它像波斯猫一样文静，喜欢与人亲近，又像美国短毛猫一样顽皮机灵。它们的性情独立，不爱吵闹，喜欢注视主人却不会前去骚扰，大多数时间会自寻乐趣。另一方面，它们也拥有强烈的好奇心，活泼且聪明伶俐，不会神经过敏，马上就能适应新环境，因而很容易饲养。

我是baby

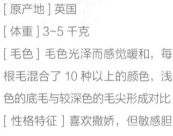

[原产地] 英国

[体重] 3~5 千克

[毛色] 毛色光泽而感觉暖和，每根毛混合了 10 种以上的颜色，浅色的底毛与较深色的毛尖形成对比

[性格特征] 喜欢撒娇，但敏感胆小，不适合与其他猫咪共同饲养

[易养指数] ★ ★ ★

[价格] 2000~6000 元

索马里猫

通过把变异的长毛型阿比西尼亚猫作为一个新品种来培养，诞生了索马里猫。它继承了阿比西尼亚猫的所有特征，就连银铃般的叫声也是一模一样。长长的毛皮又给它增添了一份优雅感。索马里猫体型中等，外表有王者风度，形似阿比西尼亚猫，但被毛为半长毛。索马里猫十分聪明，性格温和，善解人意。大多数索马里猫都懂得开水龙头，因为它们喜欢玩水。它那蹦紧的肌肉和严肃的脸给人一种非常野性的感觉，它的运动神经极为发达，动作敏捷，喜欢自由活动，叫声也特别的清澈响亮，因而不适合养在公寓里。

我是baby

[原产地] 美国

[体重] 5~8 千克

[毛色] 斑点或大理石纹

[性格特征] 虽然很有野性，但是社交能力很强，喜欢撒娇，喜欢与人亲近

[易养指数] ★★★

[价格] 2500~20000 元

孟加拉猫

猫咪繁育者们通过长时间的研究，想要创造出一种流淌着野性的血液，同时拥有美丽斑纹的猫咪，结果就产生了继承孟加拉山猫血统的孟加拉猫。孟加拉猫的祖先是由美洲豹猫和一般家猫混血的，最早繁殖的三代，因被认为具有野性和攻击性，不适合家庭收养，直到 1984 年，进入血统稳定的第四世代，才被美国国际猫协所承认。身上斑点的豹纹图案，为孟加拉猫缔造出野性的感觉。拥有狂野的山猫血统却很温顺，善于与人相处及喜欢被人抚摸。这种猫的叫声不大，但却喜爱跟主人"说话"，并且很喜欢跟小孩子玩耍。

我是 baby

新加坡猫

新加坡猫最早起源于新加坡，又名阴沟猫、下水道猫。因早期这种猫在原产地新加坡并不受欢迎，常被迫寄居在下水道中，故得此名，直到20世纪70年代初期才被发现并带入美国。新家坡猫是体型非常娇小的猫，在猫中属侏儒一类，是目前被公认的所有猫品种中体型最幼小的猫种。虽然它们的祖先是在下水道生活的野猫，但外表却很优雅精致，有大耳朵和画了眼线般的大眼睛，使人印象深刻。它们性格温顺，几乎不会叫，即使叫几声，声音也非常小，不会为主人带来很多烦恼。缺点是这种猫比较好动、爱玩，好奇心强，喜欢到处乱钻，甚至钻进下水道里。

[原产地] 新加坡

[体重] 2~3.5 千克

[毛色] 拥有如刺鼠般的毛色，即古象牙底色及毛尖染上深啡色

[性格特征] 性格稳定、温顺、好奇心强，但有一些胆小

[易养指数] ★★★

[价格] 5000~8000 元

我是baby

[原产地] 英国

[体重] 3~4 千克

[毛色] 颜色和花纹各式各样

[性格特征] 重感情，喜欢撒娇，勇敢，嫉妒心强，智商高

[易养指数] ★★★

[价格] 6000~10000 元

我是baby

东方短毛猫

　　东方短毛猫别名东短，智商相当高，是一般纯种猫所无法比拟的。它拥有迷人的东方体型，全身都散发出一种东方猫所特有的神韵。当初育种专家为了制造纯白暹罗猫，便以白猫与暹罗猫配种，但后代却显现出各色的遗传基因，诞生了多彩多姿的东方短毛猫。除了纯白色，另有红色、棕色、巧克力色的斑纹或色块组合出现，而纯黑乌亮的黑猫，在东方特别称为"乌木"。东方短毛猫不仅身材修长，动作优雅，走起路来的姿态也是十分雍容高贵，看起来非常有教养。它们的性格古怪，但是十分喜欢亲近主人，所以不要让它长时间地单独留在家中。

Part
02

养猫咪
必知

猫有着外形鲜明的特色和异常独立的个性，喜爱独自眯着眼睛晒太阳，胜于依偎黏腻在主人身边。当它撒娇地跑到主人身边，人们往往无法抗拒它那甜蜜可爱的模样。猫还有不同于其他宠物的乖戾性格，所以主人一定要细心了解，使它能够快乐地成长及生活。

🐾 你适合养猫吗?

猫咪并不是一件摆设,它有生命、有感情,它会呼吸、会吃、会喝、会撒娇、会淘气。作为一名有责任心的主人,在把猫咪领回家之前,请全面考察自己的实际情况,否则将来要把它们转送或遗弃,就会对它们造成极大的伤害,这是十分残忍的事情。

请用心考虑以下问题:

◎你是否真的很喜欢猫咪?

◎每天都能抽出一定的时间来陪伴猫咪吗?

◎是否有耐心每日喂猫咪并且清理它的排泄物?

◎家里是否有足够的空间让猫咪活动活动?

◎家人是否同样喜爱猫咪,并且愿意分担照顾猫咪的工作?

◎猫咪也会长大、变老,你能够接受它变得不那么可爱、灵动的样子吗?

◎猫咪生病时,你是否愿意花钱以及花时间带它去就医?

◎你能否坚持不放弃,一直陪伴它到老呢?

◎当它调皮不听话的时候你能够原谅它吗? 你能保证不会让它给周围的人带来麻烦?

请结合以上问题,认真分析你的经济情况、照看能力、居住空间等是否允许你做出养猫的决定。你有充足的精力吗? 在与猫咪生活的过程中会发生很多的琐事,你觉得自己都能应付过来吗?

如果答案是肯定的,那么恭喜你,你将会是一位合格的主人,你可以着手挑选一只与自己一同成长的猫咪,展开幸福的养猫旅程。

🐾 如何挑选合适的猫呢？

养一只猫就是一辈子的事，它的生老病死你都必须扛起，特别是刚养的小猫，若有太多疾病问题，可能就会严重打击你养猫的信心。

若你对猫的品种不是很在意，网络上的猫咪中途之家是很好的选择，这些由爱心人士组成的团体或者网站，都是在默默付出，只是希望猫咪们能够有良好的归宿。因此，在健康的管理上是不会输给专业繁殖场的。但是他们当然也会进行严格的筛选，检查你是否适合领养这样的猫。

若你还是没有办法下定决心，你就可以花点钱来购买。想要免费领养一只纯种的小猫，基本上可以说是不可能的事。选购纯种小猫一定需要找有店面并且信誉良好的商家，若你找到一般民家繁殖的小猫，不管是价格上或者健康上，都是比较有保障的，因为单纯的饲养环境不太容易传染疾病。而大型繁殖场、宠物店，因为猫咪的来源多、不容易照顾，所以健康方面会比较让人担心。但是近几年来，一些老品牌的猫店，也渐渐注重疾病的管控以及售后服务，确实比之前放心多了。

如何选择一只适合自己的猫咪，可能需要猫迷们好好思考一下。无论是品种猫还是米克斯猫都有它们的优缺点，且每个品种的猫咪都有该品种的独特性格或者是遗传性问题，因此，在选择种猫时最好先做好功课，充分了解一下需要养的品种猫，再做决定是否购买。而不是发现这些猫有品种上的问题后，才开始注意。

不要忘记，因为每只猫的个性不同，跟你相处擦出的火花才是养猫的乐趣！

🐾 猫的家庭角色

和最初简单的驯化目的相比，现如今，猫在人们生活中实际上已经不再单纯是狩猎者，而是在家庭中扮演了比过去更为重要的角色，人们对它的依赖和感情越来越深，拥有猫的好处似乎已是毋庸置疑的。对大多数的猫主人而言，饲养猫最重要的好处就是拥有它的陪伴，它们在你身边，就像是随时可倾诉的好朋友，经常把猫当作朋友跟它说话，是很多猫主人都做过的事。大部分人在沮丧、伤心的时候都需心灵的抚慰，而家中的猫通常都是通过身体接触、用爪子抚摩或躺在膝盖上来表达对主人的感情，从而帮助我们振作精神。有很多证据显示，一个喜欢动物的人更加容易喜欢他人，也更加容易建立起人与人之间的互动关系。因此，若饲养一只猫的话，主人也许比其他人更加容易和陌生人建立新友谊。此外，它还可扮演连接年轻人与老年人桥梁的重要角色。猫是人们休闲生活中非常重要的一部分，天性爱玩耍，更加会让人不由自主地和它们一起互动，可有效帮助放松并增添生活中的乐趣。

对于有时候神秘、有时候可爱的猫咪来说，想要饲养它们仅仅具备爱心是不够的，若想拥有一只面貌多变的猫，主人一定需要先问问自己是否有足够的耐心和时间去了解猫，且能够给它们周到的照顾和料理。若逐一检视这些问题，答案仍然是肯定的话，那么请立刻行动，选择一只适合自己的可爱猫咪，请把它带回家吧！你就会发现这个是很正确的决定，因为猫很快便成为自己不可或缺的伙伴了。

🐾 猫能陪伴你多久？

◎ 奶猫期

刚出生的小猫体重大约 100~120 克，出生直到 3 周左右都是母乳喂养，母猫舔小猫的肛门和尿道刺激它进行排泄。母猫不在身边，主人就需给小猫喝猫咪专用的奶粉并且辅助它进行排泄，必要时做一些替代母猫护理小猫的事情。从 3 周左右开始就需要给小猫吃断奶食物且让它学会自己排泄。

◎ 幼猫期

猫咪成长得比较快，有的母猫在 4 个月左右就会迎来第一次发情，因此，需要考虑避孕手术的话，最好在 6 个月至 1 岁时进行，公猫的绝育手术也建议在同一时期进行。

◎ 成猫期

从奶猫期到幼猫期，猫咪对什么都不感兴趣，只喜欢嬉戏玩耍。等到过了这个时期，猫咪的行为也就会变得稳重，喜欢在自己满意的地方悠闲过日子。为了满足猫咪的狩猎本能并且预防肥胖，需要经常确认是否给猫咪一个玩具来引导猫咪进行玩耍。

◎ 老猫期

对于老猫咪而言，最担心的是"压力"！需要为它打造一个冬暖夏凉，不会对身体造成任何负担的生活环境。此外，餐具、水碗的位置以及厕所的入口等也需要设置比平日略低一些，让老猫使用起来更加方便。这个时候的猫咪会越来越难以适应新物品。

帮助猫咪快速适应新家

猫也需要时间适应环境，且猫的适应能力不是很好，所以，把猫咪领回家之后，我们应不断地帮助它，尽早适应新家。先应该带宝贝猫到新家的每一个房间走走，让它在每一个房间都留下自己的味道，增强它对新家的熟悉感，便于它较快地适应环境。主人定期抚摸猫，不仅可检查其身体状况，最重要的是还有助于建立猫和主人的感情。猫在主人的轻抚和喃喃细语下，精神也会随之安定。也许一开始猫会讨厌这种抚摸，但是只要循序渐进，形成习惯，猫也就会慢慢地喜欢这种抚摸。

另外，有小朋友的家庭更加要注意，让猫和小朋友和平相处需要下很多工夫。告诉小朋友猫狗不同，猫不喜欢甚至害怕被追逐，也无法容忍被人拉扯皮毛或者尾巴的粗鲁行为。为避免两者受伤，一定要把这些细节告

诉小朋友，并且同时教给小朋友正确的待猫方式。

若温柔对待小猫，就会听到很特别的声音，这个声音只有在猫非常快乐的时候才会发出，那就表示它们已经愿意与人交新朋友。为进一步增加小朋友和猫之间的感情，可鼓励他们一起玩游戏，这样能够帮助猫对小主人迅速建立好感和信任感。

🐾 如何迎接第二只猫?

很多猫奴在饲养第一只猫之后,总是会有想法再多养一只,或在路上看到可怜的流浪猫,会有悲悯之心,而自发愿意收养。但是在做决定之前,你是否考虑到家里原来猫咪的安危问题呢?假如新猫带来了传染病,反而让原来的猫受到威胁,你就会觉得惭愧,就会开始后悔。下面我们就来讨论一下新猫的饲养问题吧!

一切要以保护原来的猫为主,我们不可能带一只有传染病的猫回家来危害原来的猫,但是偏偏有很多人又会犯这样的错误,总以为自己眼前所看到的猫是健康的,往往就是这样的无知行为造成的后果。实际上,就算是专业的猫科医生,也无法凭借肉眼判断,没有办法保证猫咪是否具有传染病。很多传染病必须依靠专业试剂的检查,比如猫瘟、猫白血病、猫艾滋病、猫冠状病毒等,并且需要经过长时间的隔离观察。

带新猫回家之前,应该先到兽医医院进行详细的健康检查,并且确认家中有足够的空间可以进行隔离。一旦新猫检查出来具有非严重致死性的传染病,如霉菌、耳疥虫、跳蚤、球虫、线虫、猫上呼吸道等问题时,应该立即进行治疗,并且与原来的猫咪完全隔离至少一个月以上,更要让原来的猫咪进行完整的预防接种。

若不幸,发现新猫检查出来已经感染具有致死性的传染病,特别是猫白血病以及猫艾滋病,就真的需要慎重考虑饲养的可能,一定要做到与原来的猫咪完全隔离。别以为原来的猫咪有完整的预防接种就足以抵御不被感染,预防针的效果并非100%,并且长时间接触大量慢性病原体的状况下,就算预防措施做得再好,也很难做到完全不被感染。

有太多人由于一时冲动带回新猫,或者因为猫咪不喜欢被隔离、不断喵喵叫,而提早把它与家中原有猫咪放在一起……为了一时的不忍,后面造成一大推问题,让猫咪受苦,人也跟着心疼,这样不是得不偿失吗?

🐾 猫咪需要的日常用品

吃喝拉撒是猫日常生活的主要组成部分，而这些程序需要一些特定的工具。另外，和猫在游戏中建立感情相当重要，所以，买一些有趣的玩具也是十分必要的。首先要装备的是厕所用品（便盆和猫砂）、猫床、食盆、猫粮、磨爪板等。然后还需要有一个猫咪托运箱，可以在带猫咪去医院的时候使用。清洁工具和玩具等可以日后慢慢地备齐。除此之外，如果再备一个猫笼和牵引绳，也会更加方便。如果有时间，多陪陪猫咪，主人与猫玩游戏就是建立感情的最佳方式。另外，如果迎来了小猫，那么最少三天，尽可能在一周左右的时间内不要让它独自留在家里。

食盆

每只猫都应该需要有两个食盆，一个装食物，另一个装饮用水。要选择宠物专用的食器和饮水盆，最好选择厚实的盆子，给猫用餐时要在盘子的底下铺层旧报纸，以保持地面的清洁。

猫床

如果打算从市场上买一个猫床，那么尽量选择轻便、可以清洗的类型。此外，也可以利用家中的废旧物品改造一个猫床，可将行李箱垫上软垫子即可，或者将毛巾、毛毯折叠起来当作猫床使用。

清洁工具

包括用来清洁猫咪的钉耙梳、梳子、指甲刀、牙刷等。

「便盆 & 猫砂」

猫咪上厕所需要便盆和猫砂。常见的便盆有箱型、带有顶盖的类型以及双层类型，具有轻便、易清洁、容易打理的优点。猫砂可分为纸质、木质、豆腐质、膨润土等种类，价格不一，可以先尝试使用一种，如果猫咪不喜欢再进行更换。

「磨爪板」

有了磨爪板，就不用担心家里的家具和墙壁上留下小猫的抓痕了。磨爪板可以是瓦楞纸材料，也可以是毛毯等布制材料，或者木质的也可以，种类非常丰富。在使用时，可以根据猫咪的喜好，将其放在地板上或者挂在墙壁上。

「猫笼」

为了确保猫咪有一个安稳、安全的场所，防止将小猫独自留在家中的时候发生事故，需要准备一个猫笼。猫笼的顶部要封闭，以免猫咪从里面跳出来。

「玩具」

猫很贪玩，因此主人需要买一些玩具让它玩，或者自己动手做。有的猫喜欢球状玩具，有的猫则对小鸟类的玩具感兴趣。玩具要选择猫咪专用的，即使被小猫咬在嘴里也很安全。建议刚开始不要买太多玩具，可以观察猫咪的喜好,逐渐增加猫咪喜欢的玩具。

🐾 带猫咪做第一次体检

◎ 视诊

即用眼睛观察。从猫咪进到诊室、打开手提篮、抱出猫咪、量体重、上诊疗台，兽医师就已经开始用眼睛来视诊，包括猫咪的整体外观、披毛状态、步态、神情、皮肤的颜色、精神状态、是否有不正常的分泌物等。

具有分泌物的器官若有不正常的分泌物出现，就表示这些器官正受到某种程度的刺激，或者因为感染而发炎，如眼睛、鼻子、耳朵等；若从身体的管腔排放出不正常分泌物，代表管腔内可能已经发炎，如子宫蓄脓或者阴道炎等。这些不正常的分泌物排放出来时，会沾染周围的毛发，这也是视诊可发现的线索，所以，就诊前切忌洗澡或者擦拭，避免这些线索遭到破坏。

◎ 触诊

身为兽医师，一定要拥有一双巧手，这是需要通过经验的积累以及不断练习的。在疾病诊断的初期，手的触摸是十分重要的，有经验的医生可通过触诊得知某些骨关节疾病、体表肿瘤、体内肿块、肿大的膀胱、便秘积累的粪石等，也可判断肾脏的大小或者形状、脾脏肿大与否。

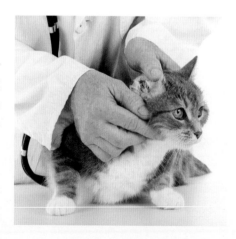

当体表触诊到肿块时，医生可通过触诊来判断肿块的坚实度、是否有液体在其中、是否会引发疼痛、是否有热觉，通过这些信息可让医生初步判断以及决定进一步检查手段。若肿块柔软并且可能内含液体时，可用注射针筒抽取其中的液体，进行抹片检查；若肿块是坚实的，可考虑采用细针筒抽取采样抹片检查，或者直接开刀切除，又或者用采样器械进行组织采样，并且把样本进行进一步的组织切片检查，以判断肿瘤是良性还是恶性。

◎听诊

猫咪可能主动发出的声音包括打喷嚏、咳嗽、哮喘、疼痛的号叫等。打喷嚏代表着鼻内异物、鼻过敏、鼻炎、上呼吸道感染的可能；咳嗽代表着气管受到刺激或者发炎的可能，若是发生于呕吐之后，可能与吸入性肺炎或者咽喉受到胃酸刺激有关；哮喘的声音代表着气管塌陷、过敏性气喘、慢性气管炎的可能；痛苦的号叫声，通常代表有严重疾病。临床上发现，因肥大性心肌病所造成的动脉血栓症，会使得猫咪后驱瘫痪，并且发出非常凄厉的号叫声。很多人没有办法正确判断猫咪所发出来的声音，比如猫咪咳嗽的声音经常会被解读为喉咙卡到东西，打喷嚏经常被解读为猫咪发出怪声音，所以医生能模仿猫咪的声音是最好的，也能让主人们能够指认出他们所听到的声音。

◎嗅诊

当猫咪发生肾衰竭或者尿毒症时，嘴巴里会散发出阿摩尼亚氨的味道；当猫咪患上糖尿病并且已经到达酮酸血症时，嘴巴的口气就会出现酮味；当猫咪发生牙周病或者其他口腔发炎疾病时，口臭就会十分严重，闻起来甚至会像腐尸味。

◎体温检查

通常采用传统的水银温度计，但是注意医生是否套上了用后即扔的肛表套，这样才能防止疾病的传染。而且采用肛温的测量方式，也可同时采集粪便来化验。简而言之，猫咪的体温在39.5℃以下，若量体温时有挣扎或者非常紧张，就有可能会超过40℃。临床上经常遇到医生把39℃以上的猫咪判定为发烧，这对狗还能说得通，但是对猫来说就有点夸大。

◎粪便检查

通常测量肛温时，肛表套会黏附少许粪便检体，直接涂抹在玻片上，置于显微镜下观察，可通过了解是否有寄生虫感染、是否有特殊细菌的存在、是否有细菌过度增殖的现象、是否有消化问题等。

🐾 猫需要打哪些预防针?

预防重在于治疗是我们应有的意识,但是看着身边的它,有多久没有打预防针了?是你忽视了吗?或是舍不得花这个钱?还是有一些错误的信息误导了你?

每一种动物都有比较常见并且传染性高的疾病,试图毁灭掉这些物种,或是物竞天择挑选下来的基因。但是对于我们来说,每只猫咪都是宝贝,怎么可能让它们发生意外?这些疾病的感染很可能会造成它们死亡或是高额医药费支出,因此,科学家们不断地研发新疫苗,用来预防疾病感染的发生。预防是控制疾病感染的最佳手段,可让猫咪免除疾病所造成的病痛以及死亡。下列是常见的预防针说明。

◎猫五合一疫苗

这是猫咪经常施打的预防针,可预防五种重大传染病,其中包括三种常见的上呼吸道感染:疱疹病毒、卡里西病毒以及披衣菌。猫的病毒性肠胃炎,即猫细小病毒(俗称猫瘟),以及无药可医的猫白血病病毒。成猫若没有施打预防针而感染,症状会比幼猫更为严重,会出现呼吸困难、食欲废绝等症状。且猫瘟的感染会造成严重的肠胃炎,症状包括呕吐、发烧甚至死亡。

◎猫三合一疫苗

猫三合一疫苗包括疱疹病毒、卡里西病毒以及猫细小病毒。近几年来,猫五合一疫苗的施打易引发注射部位肿瘤,大多数猫奴会为此心疼猫咪,所以大多数会选择猫三合一疫苗。但是猫三合一疫苗不含猫白血病,而猫白血病是一种比较重要的猫科动物传染病,所以建议只打三合一疫苗的猫咪,再加打三年一次的基因重组白血病疫苗。

◎狂犬病疫苗

政府法令明文规定犬猫每年都必须注射狂犬病疫苗,对于不施打者,也会有相应的处罚。帮助爱心的宝贝定期施打狂犬病疫苗是你的责任,也可有效防止狂犬病扩散。

猫接种疫苗应注意的问题

定时为爱猫打疫苗，能够有效预防猫瘟等恶性传染病的发生。猫瘟病毒对4个月以下的小猫危害性非常大，而且该病毒不通过直接接触就能够传染。所以，为了让爱猫可健康地长大，请主人们按时带猫去动物医院接种疫苗。接种疫苗的时间在猫出生后12周左右，1岁前共打2次，2次间隔20天，以后每年打1次，就可以保护猫的健康，拒绝猫瘟和其他疾病的侵害。目前，比较常用的猫疫苗为三合一疫苗、五合一疫苗及狂犬病疫苗。

生病中的猫不能够接种疫苗，以免加重病情或者降低免疫效果。让猫接种疫苗最好选在春季或秋季，因为这两季节气候温和，不会过冷或过热，能够帮助疫苗发挥作用。怀孕中的猫不能接种疫苗，以免导致死胎、流产或者其他不良反应。新买的猫也不适宜施打疫苗，要等猫能够适应新环境之后，并且带去给兽医师评估过后再接种。

猫打疫苗后的反应非常多见，通常在注射后数小时至数天内出现，但是最多只会持续数天，表现为注射部位不舒服，轻微发烧，食欲降低，使用点鼻疫苗的话4～7天会打喷嚏。在注射部位皮下形成小而硬但不痛的肿块，数周后肿胀自然消失。主人若发现猫身体上出现肿胀物，且很长时间没消失，请带猫去宠物医院找医师寻求帮助。

猫打疫苗之后，很少会出现严重反应，如果注射疫苗之后数分钟到一小时内，发生严重并且危及生命的过敏反应；注射疫苗数周或者数月后，甚至于更久，在注射部位皮下形成一种称为肉肿的情况。不管猫是什么情况情况，主人都需要尽快与兽医师联系。虽与疫苗相关的疾病非常少见，但是其后果可能会非常严重。

猫如果被病毒性传染病感染，就会造成鼻腔、肺部、眼睛等器官的病症，传染途径包括飞沫、器具等间接感染。生病的猫会出现打喷嚏、发热、流鼻涕、结膜炎等症状。若发现此类症状，应该尽早带猫去动物医院寻求医师的帮助。除此之外，平常按时接种卡里锡病毒、传染性鼻气管炎等预防传染病的疫苗，也是十分必要的。

做好猫咪的体内外驱虫

【外寄生虫引起的皮肤病】 这一类皮肤问题除外寄生虫叮咬造成的伤口外，主要是因过敏发痒所引起的二次性细菌（病毒）感染，一般比较严重，当然也可能传染其他疾病，如跳蚤可作为绦虫的媒介。治疗上以消除外寄生虫为主要目标，并且配合对症治疗，即可止痒与控制二次性细菌性感染，并且收到令人满意的效果。洗毛精可以配合使用低过敏配方或者抗菌配方。

【猫蛔虫病】 它是由猫弓首蛔虫和狮弓首蛔虫寄生于猫的小肠内所引起的以腹泻、消瘦为特征的一种线虫病。幼虫移行时可以引起腹膜炎、寄生虫性肺炎、肝脏损伤以及脑脊髓炎等症状。成虫寄生于小肠内，可以夺取营养，对肠道的机械性刺激很强，会引起肠出血、消化功能紊乱、呕吐、腹泻、身体消瘦和发育缓慢等症状。当蛔虫寄生过多时，可能引起肠梗阻。蛔虫可分泌出多种毒素，会引起神经症状和过敏反应。

【猫弓形虫病】 这是一种由弓形虫寄生于猫的细胞内所引起的以原虫病猫作为中间宿主感染的病，人畜共患。其症状分为急性型和慢性型两种。急性型：精神差、厌食、嗜睡、呼吸困难等，病猫伴有发热、体温常在40℃以上，有时还会出现呕吐和腹泻，孕猫可能发生死胎和流产。慢性型：消瘦、贫血、食欲不振，有时出现神经症状，孕猫也可能发生流产和死胎。猫若作为终末宿主感染时症状较轻，表现为轻度腹泻。
保持猫窝的清洁卫生，需要定期消毒。及时处理猫的粪便，清理猫流产的胎儿以及排泄物，并且对流产的现场进行严格消毒处理，以防污染环境。

【猫钩虫病】猫钩虫病是由狭头钩虫寄生于猫的小肠内引起的一种寄生虫病，会使猫食欲大减，时而呕吐，有消瘦、贫血、消化障碍、下痢和便秘等症状交替发生。粪便带血或呈黑油状，严重时可导致猫昏迷和死亡。最主要的防治方式，便是保持猫窝的清洁卫生，及时清理粪便，用消毒药水经常喷洒猫活动的场所，以杀灭幼虫，并对猫进行定期驱虫。

【猫疥螨病】猫疥螨病主要是由猫背肛螨虫寄生于猫的皮内而引起的寄生虫病。本病主要发生在猫的耳、脸部、眼睑和颈部等部位。患病的地方会剧烈发痒、脱毛，皮肤发红，有疹状小结，表面有黄色痂皮，严重时皮肤增厚、龟裂，有时病变部位继发细菌感染而化脓。防治方法最主要的措施是加强日常管理：保证猫的身体、居住场所及一切用具的清洁卫生；经常给猫洗澡，梳理被毛，用以增强幼猫体质和提高皮肤抵抗力。若发现被毛脱落和有鳞片样结痂时，应该及时送兽医院诊疗。

【猫蚤病】猫蚤病是由猫栉首蚤寄生于猫的体表所引起的一种外寄生虫病。这种蚤也寄生于狗和人。蚤会叮咬、吸血，同时分泌毒素，影响血凝，造成身体奇痒，干扰睡眠和休息，能够使病猫烦躁不安，时间久了会影响其体质。防治方法就是经常给猫窝消毒，猫窝内的垫子需要保持干爽，要经常为猫洗澡和梳理被毛，保持被毛的清洁卫生，防止猫蚤寄生。

【猫虱病】猫虱病是由猫毛虱寄生于猫的皮肤所引起的一种外寄生虫病。此病会有皮肤发炎、脱毛等症状，病猫会因发痒而烦躁不安。防治方法，平日多替猫的身体和活动的范围进行清洁、消毒，可有效预防这种病。此外，平常在帮猫洗澡、梳毛时，应该留意被毛间有无虱或者虱卵，发现虱或者虱卵时需要尽早治疗。

🐾 猫咪的配种

　　繁殖下一代是动物界永不变的规律，猫也不例外。幼猫经过一段时间的饲养，长大成熟后，便会开始它们的甜蜜爱情生活，很快也会迎接它们的下一代。作为主人的你，是否已经做好充分的准备来迎接猫的下一代呢？

【性成熟】 短毛猫于 6 个月龄大时，就有可能达到性成熟的阶段，而长毛猫或者外国品种的短毛猫可能会较晚。一般来说，混血品种的猫其性成熟会比较早，比如短毛猫、金吉拉等，如果是打算长期长久育种的话，母猫最好是超过 1 岁之后再配种，这样育种会比较容易，并且发情会比较稳定。

【发情周期】 母猫属于季节性多发情的动物，每次发情约持续 3~7 天，在发情季节约每隔两周就发情一次，大多集中在春天到秋天。因为母猫的发情与光照的程度有关，日照时间长的季节，猫咪就会发情。但是家庭饲养的猫咪在晚上也会有灯照，所以在非繁殖季节的冬天也会发情。而公猫基本上是没有发情周期的，主要是受到母猫发情时分泌的费洛蒙刺激而开始发情。

【交配时机】 依据和繁殖场或者猫友的约定，把母猫送往配种，并且将母猫安置在靠近种公猫的笼子内，当母猫开始向公猫求爱时，就可以把它们关在一起，让它们交配 3~4 次，或直接把母猫留在那里 3~4 天，然后再将母猫带回家。

◎交配动作的确认

配种的动作是否有完成呢？公猫是否成功插入？首先来介绍一下整个交配过程的动作：

1　母猫会在地上打滚，挑逗公猫，以吸引它的注意。

2　母猫会摆出标准的交配姿势，它的身体前部会紧贴着地面，而背部中央下陷，屁股则翘得高高的。

3　公猫这个时候开始会着急去咬住母猫的颈背部皮肤，并骑乘在母猫身上。

4　公猫在插入之前会一直调整方位，后脚看起来就好像在骑自行车一般。

5　当公猫的阴茎成功地插入母猫阴道后会立即射精，并且可能伴随着母猫凄厉的叫声。

6　公猫与母猫迅速分开，公猫可能会闪躲不及而遭到母猫攻击，公猫会在一段距离之外装出无辜的表情，且蓄势待发。

7　母猫在攻击公猫之后会在地上翻滚摩擦并伸懒腰，表现出舒适的样子。

8　母猫将一只后腿翘得高高的，并且开始舔舐外生殖器。

9　以上所有动作会在5~10分钟后再重复一次，并且会发生好几次。

◎怀孕

母猫的怀孕期在56~71天之间，平均约65天。每次怀孕的平均胎数约3.88只（美国），当然体型越大的母猫胎数会比较多。母猫每次排卵的数目或者受精的数目都会比生出来的胎数来得多，这是因为受精卵的重吸收（会造成受精卵死亡）或胎儿的早期死亡所导致，对猫来说这是相当常见的状况，并不会有显著的症状出现。

◎猫咪怀孕时身体和行为的表现

以下表现为一般性的原则，并非完全绝对的准则，因此，怀孕的确认还是需要依靠售医师的与其诊断。

1　大约在怀孕第三周左右，母猫的乳头会变红。

2　随着怀孕的进行，母猫的体重会逐渐地增加约1~2千克。

3　母猫的腹部逐渐胀大，此时千万不要进行腹部的触诊，这样可能会造成胎儿的严重伤害。当然，受过专业训练的兽医师是可以进行这样的检查的。

🐾 猫猫繁殖知识 Q&A

 棉签可让母猫停止发情?

母猫是属于插入排卵,意思就是要有公猫阴茎插入阴道才会能够刺激卵巢排卵,且母猫一旦排卵,卵巢就会从发情的滤泡期进入怀孕阶段的黄体期,也就是说母猫会停止发情而开始进入所谓的怀孕阶段。因此,有一些人会运用这样的原理,以棉签插入母猫的阴道内,就可遏止母猫的发情行为。虽然在理论上以及实际上都合理,但是这样的做法会造成母猫假装怀孕,时常发生假怀孕的母猫,已被证实容易患上子宫蓄脓及乳房肿瘤。因此,这样的处理方式并不被兽医学所接受。

 公猫的第一次很重要?

非常重要。如果第一次交配的经验不好,它很可能这辈子都会有阴影,对于交配既期待又害怕受伤害。有些粗暴的母猫交配前后会无情地攻击公猫,若公猫的胆子比较小,可能就会没有招架住,从此不再有"性趣"。至于粗暴的公猫,则是最佳的种猫,几乎攻无不克。若你的公猫是属于胆小类型,那么它的第一次最好找一个有经验并且温驯的母猫。

 为什么公猫会知道哪里有母猫发情?

母猫在发情时除了会发出号叫声以及挑逗公猫的行为外,其尿液中也会出现特殊成分以及气味,在生物学上统称为性荷尔蒙。这样的荷尔蒙可通过空气传播好几公里远,所以附近的公猫都会闻香而来,希望能够有机会一亲芳泽。

Q4 为什么公猫去势后还会有性冲动？

对于性成熟的公猫来说，只要闻到性荷尔蒙的气味或者类似的气味，都有可能会引起性冲动，甚至在清理包皮部位时，也有可能引发性冲动而越舔越高兴。假如公猫在未达性成熟之前就进行节育手术的话，一般来说是不会有性冲动的，但是若在性成熟之后，或者有交配经验后才进行节育手术的话，公猫仍会保持原有原始的冲动反射，有的甚至会与发情母猫进行交配。

Q5 母猫没有发情时可能被强迫交配？

这个是不可能的。因为公猫的阴茎十分短小，成功的配种必须需要有母猫的完全配合，所以配种时母猫都会把臀部抬得很高的，尾巴也要偏向一边去，这样公猫才有可能插入。如果不是在发情期，公猫尝试咬母猫的脖子，一定会引发母猫强烈地反击，就算公猫能够粗暴地咬住母猫的脖子，母猫不配合也不能完成交配。

Q6 配种后母猫为什么会攻击公猫？

公猫于交配时会咬住母猫的颈背部皮肤，这是一种固定住母猫或者称保定的行为，母猫能够乖一点就范，用以确保整个配种过程成功。交配的插入动作是一定会引发疼痛的，所以母猫会于交配后短暂地攻击公猫，这样的行为对于非群居性动物的猫咪来说是比较合理的。也有一些人认为是由于公猫的阴茎上有倒刺的构造，所以母猫会疼痛到攻击公猫。但其实不管有没有倒刺，阴茎的插入都一定会引发疼痛的。

Q7 为什么野外成年公猫会咬死哺乳期间的小猫？

一般来说，母猫在哺乳期间是不会发情的，大多数需要等到离乳之后再进入发情期，其他公猫为让母猫能够赶快进入发情期而繁衍它自己的后代，有可能会残忍地杀害哺乳期间的小猫。由于母猫一旦少了小猫哺乳吸乳的刺激，就会很快地进入发情期而接受其他公猫交配。

😺 怀孕猫妈妈的护理方法

母猫怀孕之后，除满足自身的营养需要外，还需要为胎儿的发育提供营养物质，因此，对怀孕母猫要适当增加营养。妊娠初期，无需给母猫准备特别的饲料，按照平时的喂食标准，再适当添加些动物性饲料就可以，不过饲喂一定要准时。妊娠1个月后，胎儿开始迅速发育，此时母猫体内的新陈代谢速度加快，对各种营养物质的需要量急遽增加。所以，饲料配食要以品质高、体积小的动物性蛋白质饲料为主，比如瘦肉、鱼、牛肉、鸡蛋、牛奶等。到了妊娠后期，因为胎儿占据母猫腹部很大的空间，所以应该采用少量多餐的喂食方法。到临产前，每天喂4~5次，夜间也可喂食，适当给母猫增喂一些富含维生素的蔬菜等绿色饲料，并且添加些钙剂。

妊娠母猫也应该进行适当的运动，这样不仅有益身体健康，也有利于正常分娩。因此，主人一定需要小心，不可让母猫做剧烈运动，只要适当运动，保证活动量即可。每日可把母猫抱到室外活动并晒太阳，晒太阳不仅有利于对钙的吸收，对生产也十分有利。另外，孕猫的生活环境一定要安静，不要让人或其他动物去打扰它，因此，除必要的接触之外，应该尽量避免打扰或者惊动它。妊娠母猫的腹部若受到不正常的挤压或者因为惊吓逃窜而剧烈运动时，往往会造成胎儿的发育受损。所以，猫主人一定要提高警觉，防止人为的影响对孕猫产生损伤。另外，还要提前让猫对它的产房进行熟悉，物品不要随便变换位置，饲养人员和食物等都应该相对稳定，这些都能增加猫的安全感，对顺利分娩将十分有利。

🐾 猫猫的生产

生产前先和兽医讨论生产的问题，并且记下医生的急诊电话，给予母猫良好均衡的饮食，适当添加维生素以及矿物质。胎儿逐渐增大时会使得母猫在怀孕末期发生便秘，可适量地给予化毛膏来通便，使用量也必须听从兽医师的指示。

◎ 理想的生产场所

在接近预产期时，就可选择温暖、安静并且安全的地点开始布置产房。箱子的材质最好是木板或者厚纸板，上面以及另一面是空的，箱底垫上报纸，箱子上方挂上保温灯，但是高度不可低于1米。若母猫拒绝使用，就在它挑选的地方铺上报纸，并且挂上保温灯即可，或直接把产箱移到此处试一试看。

猫咪的产子数从1只到9只不等，一般是3~5只，因此，产箱的大小可依据小猫的只数来预估。初产的母猫，仔猫大部分都是比较小，产箱可选择比较小一些的。

◎ 迎接新生命

大部分猫生产时，都会平安、顺利地把小猫生下来，且会自己把小猫清理干净，并让小猫吃到初乳。但若是第一次生产的母猫，生产时间比经常生产的母猫长。通常母猫的生产过程分成三阶段，整个生产流程约为4~42小时，但是也曾经遇到过2~3天才把小猫生产完的母猫。另外，小猫与小猫之间的出生间隔约为10分钟~1小时。若生产时间过长，就需要注意是否有难产的迹象。

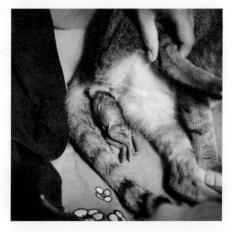

1 【母猫出现生产征兆】不太舒服，偶尔看腹部，不安的行为变得尤为明显，且会寻找一个安静、舒适的地方准备生产。也有可能会出现不吃、喘气、喵喵叫、舔外阴部或一直绕来绕去，有做窝的动作。这个阶段一般会持续6~12小时，若是第一次生产的母猫，甚至会长达36小时。此阶段母猫的体温会比正常的体温略低，可能会下降15℃左右，这时母猫的子宫收缩、子宫颈放松，阴部会看到囊泡。

2 【母猫用力生出小猫】母猫在正常分娩，产下第一胎之前，腹部会频繁地用力2~4小时，因此可能会变得虚弱。若母猫非常用力却没把小猫生下来，可能会出现难产的情况，应该带到医院请医生检查。

3 【小猫、胎盘和胎膜一起排出】在这个时期，胎盘会随着胎儿一起排出。胎儿分娩之后，母猫会把小猫身上的胎膜咬破，并且把连接在胎盘上的脐带咬断，再把小猫口鼻和身上的液体舔干净。小猫出生30~40分钟之后，身上的毛会变干，且开始吸吮初乳。每生产一只猫之后，母猫的肚子慢慢变小。

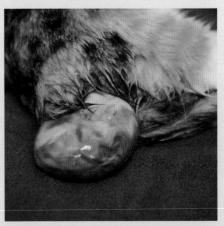

一旦生产之后，母猫会躺在小猫身边，身体蜷缩在小猫周围，以保护并且温暖小猫。正常的小猫这个时候应该会有强烈的吸吮反射，前脚在母猫的乳房上前后踏，刺激乳汁排出。小猫最好在24小时吸吮到初乳。生产完2~3周内，阴部会持续有红棕色的恶露排放，不过母猫通常会很频繁地清理阴部，因此，很多猫奴都不会发现猫咪有排出恶露的情况。母猫的子宫会在产后 28 后恢复正常。

◎怎样分辨是否难产？需要带猫咪去医院吗？

母猫的分娩是可由意识控制的，所以，当母猫处于陌生环境或者紧张状态下，可能会延迟分娩。另外，胎儿的胎位、大小，或者是母体的状况也会影响分娩。因此，在遇到下面情况时，最好赶紧将母猫带到医院确认是否需要紧急剖腹产，剖腹产可及时挽救母猫以及胎儿的生命。

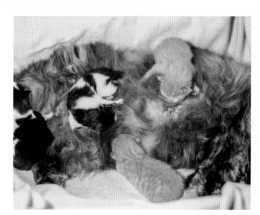

◆ 外阴部有不正常的分泌物（如红绿色分泌物并且有臭味）。

◆ 母猫比较虚弱，不规律地腹部用力超过 2~4 小时。

◆ 在外阴可看见小猫或者囊泡，超过 15 分钟还没有把小猫生出来。

◆ 羊膜破掉并且羊水流出，但是小猫却没有生出来。

◆ 母猫会一直哭叫和舔咬阴部。

◆ 超过预产期一周以上还没有出生。

◆ 进入第二阶段的 3~4 小时后，还没有小猫生出来。

◆ 没有办法在 36 小时内把所有的小猫生出来。

◎若母猫生产之后不理小猫，应该怎样处理？

1 Step　在胎儿生下来之后，立马把小猫脸上的羊膜移除，且用干净的、柔软的毛巾把小猫的身体擦拭干净，擦拭身体的同时，刺激小猫呼吸、哭叫，让小猫开始出现挣扎的动作。

2 Step　用碘酒擦拭小猫的肚脐部位和脐带，再用碘酒消毒过的棉线，在离小猫肚子2厘米的脐带处打两个结，两个结中间剪开，胎盘就和小猫分开了。而连接在小猫肚脐上的脐带几天后就会干掉了，并且自动脱落。注意打结的地方不要离小猫的肚脐太近，避免造成脐赫尼亚（疝气）的形成。

3 Step　清理完小猫脸部的羊膜和羊水之后，有些液体仍存在小猫的鼻腔和气道内，这时用毛巾包覆住小猫，握住并且扶着它的头，颈部往下倾斜轻轻甩，让气道内的水分流出，再把口鼻擦干。倾斜的时间不需要太长，并且也要保护好颈部，避免造成小猫受伤。

4 Step　处理过程中一定要帮助小猫，把它擦干或者吹干。所有的动作都需要持续到小猫的活力、哭叫声和呼吸状况良好，并且身体完全干燥之后再停止。

5 Step　正常小猫的口鼻和舌头颜色应该是红润的，若呈现暗红色，小猫的活动也不好时，应该立马带到医院，请医生检查。

6 Step　最后，把小猫放在母猫旁边，母猫会舔舐小猫，刺激小猫喝奶。小猫要在出生后24小时内吃到初乳，才能提高抵抗力。

🐾 猫妈妈的产后照料

　　猫咪生产完之后，除了应该注意母猫的精神食欲之外，环境的保温以及安静也是十分重要。另外，产子数多的母猫，还必须每日注意每只小猫喝奶的状况以及体重变化，若奶水不足，也会导致小猫生长发育变差。所以，产后母猫和小猫的状况都一定要时刻注意。

【产房保温以及保持安静】

母猫生产之后，尽可能不要打扰母猫照顾小猫，有些母猫会由于小猫不见，而时常把小猫搬移住所。饲养在家的猫咪一般不会由于外在环境的压力或者身体上不舒服等原因把小猫吃掉。

【母猫营养的摄取】

母猫在生产完之后 24 小时内会开始进食，给予的饲料最好以怀孕或幼猫专用饲料为主。母猫大部分的时间都会在产箱内，就算离开也只是比较短暂的时间。因此，猫砂盆、食物和水盆应该放在离产箱不远处，让母猫可更加放心地上厕所以及摄取食物和水。

【每天观察母猫以及小猫的情况】

母猫：体温异常（发烧或者低体温）、阴部或者乳腺有分泌物（血样或者脓样分泌物）、食欲变差、虚弱没有精神、乳汁量减少或者没有乳汁。

小猫：体重减轻、过度哭闹，甚至活动力变差或者不爱喝奶。

【小心产后低血钙】

母猫在分娩后 3~17 天可能会有产后低血钙的情况发生，会出现步态僵硬、颤抖、痉挛、呕吐和喘气等症状。若发现母猫有这些症状，最好带到医院，请医生检查血液中钙离子的浓度。不过，不建议在生产前过度补充钙，以免造成内分泌失调。

🐾 为猫猫做结扎手术

◎ 帮猫猫结扎

若不想让宝贝猫四处"留情"而导致家无宁日的话，那就只能选择果断的方式，帮你的爱猫进行结扎手术。虽然这样的方式不一定是最好的，但是如果不想因为无法负担饲养太多小猫造成随意丢弃猫咪的问题，主人还是狠下心来为宝贝猫做结扎手术吧！猫的结扎其实就是为猫去势，即通过手术使公猫、母猫失去生育能力。实施去势手术对猫的健康没有不良影响，反而会使猫的性情更加温顺，更加容易调教。

◎ 公猫结扎

公猫去势就是实施睾丸摘除术。公猫在出生后6~8个月，就可达到性成熟，睾丸能产生精子，进而出现发情现象。猫发情时，大多数都会兴奋不安，叫声比平时高亢，经常在夜间闹得主人和邻居无法正常休息。此外，公猫身上还会分泌出一种难闻的腥臭味，给主人们带来不安和烦恼。因此，若不是为育种繁殖而养猫，就可采取手术为公猫做结扎。

公猫去势一般在其9个月大前后进行。手术之前猫应停食半天，以防止麻醉时胃里的食物流出并且误入气管。手术之前应该先清洗阴囊部位皮肤，尾根用绷带包扎固定，手术后剪毛消毒，然后再擦干身体。猫麻醉之后侧卧绑定，切去两侧睾丸，切口再用碘酒消毒，不必缝合伤口。手术之后需要注意切口有无出血，若有出血，则应找出精索，重新结扎。另外，一定需要保持伤口部位的干燥清洁。

◎ 母猫结扎

母猫去势就是摘除卵巢，去势年龄在6个月左右。母猫术前和公猫术前的准备工作基本相同。把母猫全身麻醉，仰卧绑定之后，摘除卵巢。手术部位应剃毛消毒，以防感染。术后应避免剧烈运动，并且进行抗感染的治疗。母猫手术之后的护理也与公猫基本相同。术后2天内，母猫的食量可能会减少，稍后会逐步恢复正常。术后7天，拆除皮肤切口上的缝线。拆线前的几天应禁止给猫洗澡，以防伤口感染。

🐾 刚出生小猫咪的护理方法

◎ 幼猫的小窝布置

小猫需一个干燥、温暖和舒适的小窝。小窝的周围应够高，在无人看护时，新生猫比较不容易因为爬到外面而导致失温。小窝应易清理。尽量不要选容易散热的材质（例如不锈钢），以免新生小猫接触时造成失温。塑胶类或者是纸箱类比较适合，因为塑胶类易清洗，也不像不锈钢那么易散热，而纸箱则保温效果好，虽不易清理，但是可以随时更换。

此外，也可在小窝内放一些保暖的衣服或者布料。布料的选择最好以柔软、吸水性强、不容易磨损并且方便清洗、舒适保暖的为佳。也可选择尿布垫，方便每日更换，保持窝内的卫生。

◎ 良好的卫生环境

在照顾小猫时，一定要有良好的卫生习惯，因为小猫的身体构造、代谢和免疫状况虽正常，但是由于它们太年幼，非常容易感染病，因此，猫奴应该谨慎地清洁猫床和喂食用品。照顾小猫的人数应该少一些，且每个人都需要经常洗手，以减少感染风险。另外，可用温和的肥皂、温水作为清洗剂，选择适合的消毒剂，并且避免这些消毒剂成为环境中的毒素。因为新生猫的皮肤非常薄，也比成猫的皮肤更容易吸收毒素。并且消毒剂在高浓度时具有呼吸刺激性，因此，使用消毒剂时需特别小心，过度使用可能会增加新生小猫的危险。

◎ 小窝的放置处

尽可能减少环境因素对小猫造成压力，让小猫可安心睡觉、吃饭和长大。而孤儿小猫因为没有妈妈在身边，对于陌生环境感到害怕，也需要试着自己适应环境，这些对小猫而言都是压力。

过度的压力会降低小猫的免疫力，增加感染风险，且对于之后小猫的生活影响不好，所以务必慎重选择小窝放置的地方。

🐾 捡到孤儿小猫如何照护？

在猫咪的繁殖季节，总是会出现"小猫潮"，当你走在路上偶尔也会听到小猫的叫声，或者遇到猫奴带到刚捡到的小猫来医院，甚至是家中的母猫在生产之后由于奶水不足，没有办法喂饱小猫，而这些小猫的年龄从没有开眼到断奶的都有。断奶小猫（出生后 1 个半月至 2 个月龄以上）在照顾上比较容易，小猫会自己吃，也会自行使用猫砂，身体也具备有一定的保温能力。但是没有断奶的小猫，吃喝、排泄和

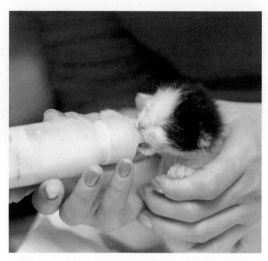

保温都需人来帮忙照顾。没有断奶的小猫跟小孩子一样，需要频繁地喂奶，以及保持环境的温度为小猫保温以避免小猫生病，且需要帮助小猫催尿。照顾没有断奶的小猫时，若稍微不注意就会造成小猫生病，严重的话甚至会导致死亡，每个环节都必须引起注意。

◎环境温度

环境温度的控制对新生小猫来说是十分重要的。由于出生之后第 1 周的小猫体温是 35~36℃，比成年猫还要低，一定要靠环境的温度来保持体温。另外，新生小猫没办法在移动的过程中产生热能，也没有明显的颤抖反射，所以无法保持体温。因此，出生之后第 1 周的新生幼猫需一个保温箱，让环境温度能够保持在 29~30℃；而出生后第 2~3 周的小猫，或者是已经能够积极地爬行和走路之前的小猫，正常体温是 36~38℃，此时室内温度最好不要低于 26.5℃；之后的 3~4 周，小猫已经开始可产热时，环境的温度不要低于 24℃。尤其是当只有单只新生小猫时，需要更加严格地控制温度。由于单只小猫没办法像多只新生小猫一样，可挤在一起保持体温。

◎人工抚育的最佳环境

生理环境温度的控制对于新生小猫来说十分重要，保温的用具有很多种，也有各自的优缺点。

🐾 年老猫的陪伴与照护

老年猫一般是指 7 岁以后的中老年猫咪，但是很多 7 岁以后的猫咪看起来与一般成年猫并且无明显的不同。许多猫奴会问：7 岁的猫咪就算年老猫了吗？其实，猫咪在 7 岁之后，活动力、视力、听觉等身体状况，都跟人一样会渐渐地变差，器官的代谢机能也慢慢退化，所以许多疾病也会连续发生。因此，年老期的猫咪更加需要认真地观察以及照顾。猫咪平均的寿命大概为 14~16 岁，但是在细心的照料下，

也有许多猫咪能活到 19、20 岁。猫奴们应了解年老猫的身体变化，定期给猫咪做身体检查，让猫咪有个安稳的年老生活。

◎ 身体上的变化

视力

年老猫咪的视力会慢慢变差，但是由于猫咪还有嗅觉和触觉，加上行动变得缓慢，所以若猫奴没特别注意猫咪行为的改变，也不会发觉猫咪视力不正常。另外，眼睛的疾病（如白内障）和高血压也会造成猫咪失明，所以年老猫咪一定要定期检查眼睛以及血压。

嗅觉

老年猫的嗅觉会因为年龄的增长而渐渐丧失，对食物的分辨能力也变差，进食自然会减少。另外，猫咪会用嗅觉辨别周围的环境，因此，嗅觉变差也会影响猫咪的生活作息。

听觉

老年猫咪对外界声音的敏感性变差，一般大小的声音猫咪可能会听得不太清楚，有时候需要很大声才会有反应。

体重 ▶ 当猫咪开始进入老龄化阶段时，身体代谢率会降低、活动力减少、体脂肪增加等。而当身体的代谢吸收变差之后，再加上嗅觉变差及口腔疾病，有些猫咪就会开始渐渐变瘦。

口腔 ▶ 年老猫因为免疫力下降，口腔内的细菌易滋生，造成牙周疾病。牙周疾病会造成口腔发炎、牙齿脱落，严重的甚至会导致细菌由血液循环到心脏、肾脏等器官，造成器官发炎。另外，口腔发炎和疼痛也会造成猫咪的食欲变差，体重明显减少。

行动 ▶ 年老猫的行动力会渐渐变差，除了会有骨头关节的疾病之外，也会由于身体变瘦导致肌肉量减少，所以支撑身体的力量变少，步态变得缓慢，不爱动，也不喜欢跳高。有时候要往高处跳时，看很久才有动作。

毛和指甲 ▶ 年老猫的睡眠时间变得更加长，并且不喜欢整理自己的毛，毛发由于干涩无光泽，变得一束一束的。指甲的角质会变厚，若没有时常帮助猫咪修剪，还会造成指甲过弯而刺入肉垫中。

◎生活上的照顾

○换成年老猫饲料，注意每天的进食量

①喂食高质量蛋白质的年老猫专用饲料。

②大部分年老猫对于平常能量的需求会轻度至中度减少，因此，应该仔细控制猫咪的进食量和体重变化，维持理想体重，可预防体重过胖或者过瘦。

③年老猫咪生病时，请听从医生的指示，适量把平时喂食的饲料换成处方饲料。

○常常帮助猫咪梳理清洁

由于年老猫咪清理毛的时间减少了，掉落以及干涩的毛易于纠结，所以经常帮助猫咪梳毛，除了可减少纠结的毛发，还可减少皮肤疾病的产生。此外，定期帮助猫咪剪指甲可预防指甲过长刺入肉垫中，还可减少指甲脱鞘的机会；定期帮助猫咪清理眼睛和耳朵，可减少分泌物的产生，同时也可检查耳朵和眼睛是否存在不正常。

○定期给猫咪测量体重

通过测量猫咪的体重，可了解猫咪身体状况的变化。正常猫咪的体重变化大多为几十克间的差距，只有在生病时才会有明显改变。公猫平均体重为4~5千克，而母猫平均体重为3~4千克，若体重在两周至一个月内突然减少10%时，就需要特别注意猫咪的食欲了。猫咪的体重、食欲或者行为有改变时，请带到医院做详细检查。

○改变年老猫的生活空间

年老猫跟老年人一样，渐渐会出现骨关节疾病，肌肉量也会随之减少，所以跳跃能力也会变差，步态也会变得缓慢。减少物体之间的高度，比如在沙发旁摆放一个小椅子，让猫咪可轻松地走上沙发，或者把猫砂盆换成比较浅的，让猫咪方便进出。这些改变都可减少猫咪行动上的困难与不便。

◎ 观察猫咪的变化

生活中应仔细观察猫咪，若发现有以下状况，建议带到医院请医生做出详细的检查，以确定猫咪是否健康。猫咪不会说话，猫奴们若没有细心地观察猫咪的变化，很有可能错过治疗的黄金期。

○食欲

⊙猫咪的食欲是否有突然增加？

⊙对于喜欢吃的食物缺乏兴趣？

⊙吃饲料时会有拔嘴巴的动作？
或者是想吃又不敢吃的感觉？

○喝水量和尿量

⊙蹲在水盆前喝水喝很久？水盆
内的水突然减少许多？

⊙清理猫砂时，发觉每日猫砂结
块的量增加许多？

○观察猫咪行为上的改变

⊙变得不喜欢活动，并且睡眠时
间变长？

⊙猫咪在跳到高处时会犹豫很久？

⊙走路的样子怪怪的，或者跛脚？

⊙猫咪会跑去躲起来？

⊙猫咪走路很慢，容易碰撞到东西？

○体重变化

⊙发现猫咪背上的背脊变得明
显，或者猫咪的体重明显变轻？

⊙一个月称一次体重，发现体重
少了 10% 以上？

○每天触摸猫咪的身体

⊙抚摸它时发现身上有小团块物？

⊙皮肤是否存在有严重掉毛或者皮
屑等？

◎检查和保健

○健康检查

    年老猫常见的疾病包括心脏疾病、肾脏疾病、甲状腺功能亢进、关节疾病、糖尿病、口腔疾病以及肿瘤。除了平时注意猫咪生活作息上是否不正常外，每年定期做健康体检也是十分重要的，健康检查除了基本的理学检查（如皮毛检查、耳镜检查），还包括血液检查（如血液、血液生化）、X光片、腹部超声波和血压测量等。透过这些检查，不仅可以了解猫咪的身体状况，还可在疾病发生的初期及时治疗并且追踪。另外，别以为做了健康检查，猫咪这一年的身体都一定是健康的。疾病是随时可能发生的，检查也只是代表几周内的身体状况，还是一定按时观察猫咪的生活情况，一旦发现有不正常就带到医院检查。

○口腔保健，到医院洗牙

    口腔保健对于年老猫而言是非常必要的，由于年纪增长会造成免疫力下降，口腔内的细菌也易滋生。口腔保健和刷牙可抑制细菌生长、减少牙结石的产生。另外，定期到医院检查口腔并且洗牙也很重要。猫咪和人相同，就算是天天刷牙，牙菌斑跟牙结石还是会附着牙齿上，一旦厚厚的牙结石附着牙齿上，就必须到医院洗牙，才能够完全去除牙结石。

    既然养了这些可爱的宝贝，那么无论是健康、生病或者衰老，每个阶段都需不同形式的陪伴和照顾，请负起照顾它们一辈子的责任，给予它们快乐、安心的生活。

Part

03

猫咪日常清洁
要知道

主人每天花点时间给宝贝猫洗个脸、刷个牙、洗个澡，再梳梳毛，一个干净清爽的宝贝猫立刻就出现在你的眼前，走出去一定会受到大家的注目，而且宝贝猫咪也会由于你的悉心照顾而对你百依百顺！

必做的清洁工作

以前养猫只是为了抓老鼠，但是对于现代人而言，猫咪不再只是抓老鼠的工具，而是跟我们生活在一起的"一份子"。因此，对于猫咪日常生活的照顾，便会特别注意。猫咪也跟人类一样需要每天的清洁以及护理，眼睛、耳朵、牙齿、指甲、被毛以及肛门都需要每天或者定期清理，才不容易发生疾病。

每天或者定期地帮助猫咪做全身清洁及护理，除了可在早期发现猫咪身体出现的不正常外，也可增加猫咪跟你之间的感情，当然这些动作是不会给猫咪造成反感的前提下进行的！这些日常的清洁最好能够在猫咪小时候就养成，幼猫期间经常触摸它们、抱抱它们，比较不容易让猫咪产生排斥感。

定期帮助猫咪清洁有很多好处，比如刷牙可减少牙结石的累积，缩短猫咪麻醉洗牙的时间；剪指甲可减少猫咪指甲过长刺入肉垫中；梳毛可减少换毛期造成的掉毛，避免猫咪因理毛而吞入过多的毛球，也可促进皮肤的血液循环。

在帮猫咪做每日定期的清洁时，若发现猫咪身体不正常，最好及早带到医院请医生检查。

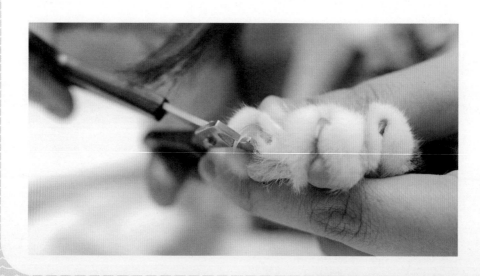

🐾 猫咪洗澡大作战

　　一般而言，第一次给猫洗澡的时间越晚越好，至少也需要等满月，两个月的时候洗澡效果最好。第一次洗澡时，不要给它泼水，否则它可能会对水和洗澡产生恐惧心理。洗澡之前需要先修剪它的指甲，可以戴清洁手套防止被猫抓伤。洗澡时，先把猫的脚放进水里，让它先适应一下，要边洗边跟它说话，动作要温柔，让小猫感觉舒服、没有畏惧感。为防止猫乱跑乱动，应关上浴室门，把其控制在浴缸、大水桶、墙角等地方，也可把猫装在专用洗澡架里，这样猫多半会停止反抗，安静下来。此时，我们就能轻松为猫洗净全身。

◎ 帮助猫咪洗澡的详细步骤（一）

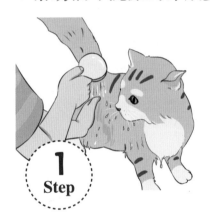

先用手试探水温，在38℃左右比较好，再将猫放进浴池。

淋湿猫身上的毛，注意将猫脸稍微抬高，以免把水弄进它的眼睛或鼻子。

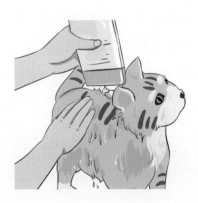

在猫的被毛上擦拭专用洗毛乳。

◎ 帮助猫咪洗澡的详细步骤（二）

1 Step

用手按摩搓洗前肢。

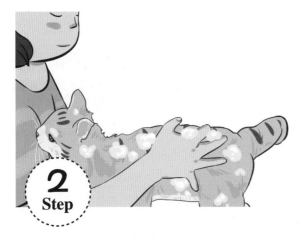

2 Step

再用手按摩搓洗身体，
也可使用沐浴海棉。

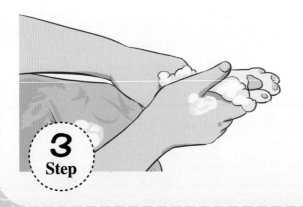

3 Step

用手按摩搓洗后肢。

◎ 帮助猫咪洗澡的详细步骤（三）

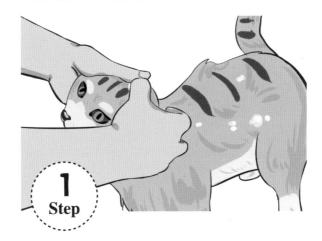

用手按摩搓洗头部。

Step 1

对猫的尾巴进行特别细致地清洗。猫的尾巴很容易弄脏，若清洗不干净很容易引起皮肤炎。而且太过频繁或间隔太长时间才清洗猫尾巴，都是不正确的。

Step 2

用手按摩搓洗脸部。

Step 3

◎ 帮助猫咪洗澡的详细步骤（四）

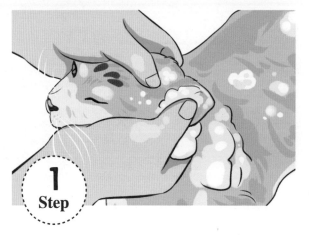

用手按摩搓洗耳朵。

冲洗身体。用莲蓬头贴着身体，从头部到脖子再到身体，彻底冲洗干净。

重复以上步骤，清洗两遍。

◎帮助猫咪洗澡的详细步骤（五）

洗完澡后，顺着毛生长的方向抹去水分，再用毛巾裹住身体吸干水分，注意要轻轻地擦去脸部的水。

用吹风机将猫身上的水吹干。先吹胸前的毛，再吹身体，四肢可以反方向吹。

👣 眼睛的清洁

　　健康猫咪的眼睛一般不会有分泌物，不过有时候猫咪刚起床，眼角会有一些褐色的眼分泌物，跟人一样，这些眼屎是自然形成的。有时候猫咪"洗脸"无法完全清洁干净，这个时候可能就需要主人帮忙清洁它的眼睛了。

　　有时猫咪的眼泪会让眼角的毛变成红褐色，让人误以为是眼睛流血，其实是因为它们的眼泪中有让毛变色的成分。此外，猫咪的眼睛和鼻子之间有一条鼻泪管，眼泪会由鼻泪管排到鼻腔，但是如果由于发炎造成鼻泪管狭窄时，眼泪无法由鼻腔排出，反而会由眼角溢出，用卫生纸擦拭干净即可。

　　假如是干褐色的眼屎，可用小块棉花沾湿轻轻擦拭。对一些易紧张的猫咪来说，棉签反而易于刺伤眼睛，因此，棉花或卸妆棉是比较好的选择。

◎眼睛清理的步骤

把棉花、卸妆棉或小纱布浸入生理盐水中沾湿。

用手轻轻地把猫咪的头往上抬，稍加施力控制头部，并且轻轻抚摸猫咪脸部周围，让猫咪可以比较放松。

3 Step

由眼头至眼尾，沿着眼睛的边缘轻轻擦拭眼睑。若有比较干硬的眼睛分泌物（黄绿色眼分泌物）时，用盐水沾湿的棉花轻轻来回擦拭，使分泌软化，不能用大力把分泌物擦下来，因为这样很容易造成眼睑和眼睛周围皮肤的发炎。

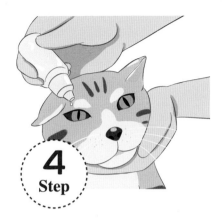

4 Step

若眼角有透明分泌物，可用人工泪液滴几滴冲洗眼睛，把分泌物冲出。有些猫咪会害怕人工泪液，在滴之前可先安抚猫，拿着人工泪液的手从猫咪的后方伸过来，比较不会让猫咪觉得害怕。

5 Step

眼睛清理干净后，滴上人工泪液或是保养用的眼药水，再用湿棉花轻轻带出多余泪液。在擦拭过程中应该尽量小心不要接触到眼球表面。

✖ 错误的清理方法

在清理猫咪的眼睛时，千万不要用手指强行把眼睛分泌物弄下来，这样指甲可能会刮伤眼角皮肤，会造成严重的眼疾。

🐾 耳朵的保健

　　健康猫咪的耳朵在没有异常的情况之下，不会出现太多耳垢。假如耳朵没有耳垢或者臭味，不需要每天滴耳液去清理，有时候过度清理，反而容易造成耳朵发炎。因此，一个月清洁 1~2 次就可以了。

　　当耳朵过度潮湿或者通风不良时，易滋生霉菌和细菌，造成耳朵发炎，如外耳炎。折耳猫由于基因突变的关系，耳朵比较小且向前垂下，所以易造成通风不良；卷耳猫的耳朵虽说是立着的，耳朵端向后卷曲，但是由于耳壳硬且狭窄，也易造成清理上的困难。因此，这些猫种必须更加用心地护理和清洁耳朵。

◎ 耳道清理的步骤

准备好清洁耳朵所需的用品，包括棉花和清耳液。

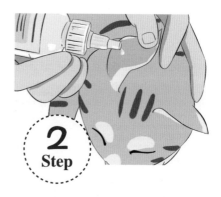

右手拿清耳液，左手拇指及食指轻捏猫咪的外耳壳，把耳壳外翻。

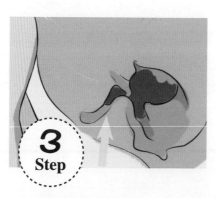

确定猫咪的外耳道位置（箭头为耳道，是靠近脸颊，而不是靠近耳壳）。

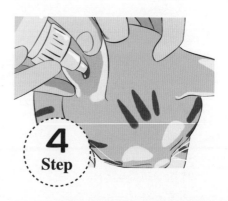

把 1~2 滴清耳液倒入耳朵内。

 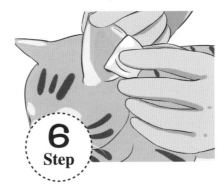

左手扶着猫咪的头，右手轻轻按摩耳根，让清耳液充分地溶解耳垢。

取干净的棉花或卫生纸，把耳壳的清耳液及耳垢擦拭干净。

◎日常清理的步骤

有些猫咪虽然耳朵没有发炎，却也很容易产生耳垢。猫奴们希望能够让猫咪的耳朵保持干净，因此建议用以下方式清理，不会让猫咪感到讨厌。

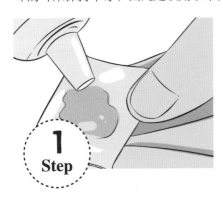 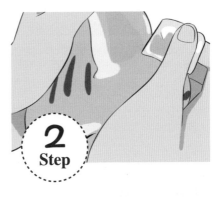

先把小块棉花用清耳液沾湿。用生理盐水比较难清理干净，建议用清耳液来清洁耳朵。

用左手的手指把猫咪的耳壳稍微外翻，右手拿着清耳液沾湿的棉花。

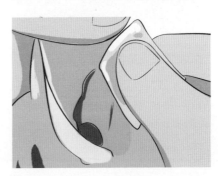

用小棉花擦拭耳朵外缘部分，耳道内的耳垢会因猫咪摇头而甩出来。

03
Part
猫咪日常清洁要知道

牙齿的照护

一般而言，3岁以上的猫咪85%患有牙周病。牙周病是一种缓慢的口腔疾病，会造成牙齿周围组织发炎，这是造成早期掉牙的主要原因之一。患有牙周炎的猫咪，吃硬的干饲料时会咀嚼困难，牙齿不舒服造成他们食欲降低，身体也因此会渐渐变得虚弱。此外，当有厚厚的牙结石附着在牙齿上时，一般的刷牙方式没办法把牙结石清理干净，需要到医院麻醉洗牙。

老猫患上口腔疾病的概率会比年轻猫更高。由于齿垢长年堆积，会造成牙周病，且中高龄的老猫免疫力下降，易于有口内炎。细菌在有牙周病的口腔内，会随着血液循环感染到猫咪的心脏、肾脏和肝脏，造成这些器官的疾病。居家的口腔护理及定期的洗牙可预防牙周病发生，或是缓和牙周病的病程。

从小猫期间就让猫咪习惯刷牙的动作，长大后不会太排斥刷牙。建议每周刷牙1~2次。若猫咪从来没有刷过牙，可把牙膏或是口腔清洁凝胶涂抹在牙齿上，猫咪会舔嘴巴，照样可达到刷牙的效果。猫咪十分讨厌刷牙，当知道又要进行讨厌的事时，会把牙齿紧闭。因此，帮助猫咪刷牙需要注意下列事项。

◎帮助猫咪刷牙时需要注意下列事项

不要强行按住猫咪

猫咪不愿意刷牙时，绝对不可以强行压住它，这个动作会促使猫咪更加讨厌刷牙。另外，大部分猫咪没有办法长久做同样的事情，刷牙可分几次来完成。

让猫处于放松状态

开始刷牙前，先抚摸猫咪喜欢的位置（比如脸颊和下巴），且和它说说话。等猫咪放松之后再开始刷牙。

让猫习惯翻嘴唇动作

还没开始帮助猫咪刷牙时，可时常帮助猫咪翻嘴唇，让猫咪习惯这个动作，以后要帮助猫咪刷牙就不会太排斥。

◎用涂抹的方式清洁牙齿

1
Step

先把猫咪以侧抱方式固定。

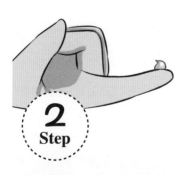

2
Step

右手食指沾一些牙膏或者口腔清洁凝胶。

3
Step

把沾有牙膏或者清洁凝胶的手指伸入猫咪嘴角内，涂抹在牙齿表面。

◎ 用纱布和手指刷清洁牙齿

可以固定猫咪的身体，或者把猫咪抱坐在腿上。先安抚猫咪，让猫咪完全放轻松。

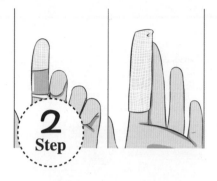

左手食指套上手指刷或卷上纱布。猫咪会用前脚拨开你的手，可用衣服或是毛巾稍微盖住猫咪的前脚。

先用左手的拇指和食指轻轻扣住猫咪的头，让猫咪的头不会乱转动。

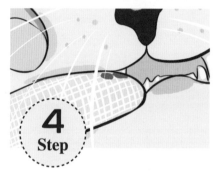

开始可在手指刷或纱布上先沾一些肉罐头的汁，让猫咪习惯刷牙的动作，然后再沾牙膏刷牙。

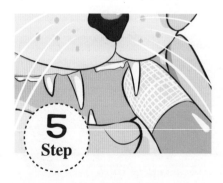

用左手的拇指和食指把嘴唇轻一点往上翻，用手指套或者布摩擦牙齿，把牙齿上的齿垢清除干净。

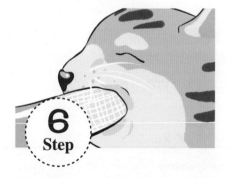

后臼齿最易于推积齿垢和牙结石，用手指轻轻把猫咪的嘴唇往上翻，用手指套或者纱布在牙齿上摩擦即可。

◎ 用牙刷清洁臼齿

手指比较粗，大臼齿比较难刷到时，可选择猫咪专用的牙刷，或者幼儿专用牙刷。专用牙刷刷头较小、柄细长，可刷到大臼齿，是一个非常不错的选择。

Step 1

把猫咪抱坐在腿上，如果猫咪前脚拨开你的手，可用衣服或者毛巾盖住它的前脚。

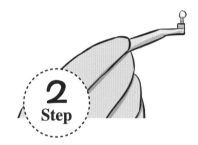

Step 2

用握铅笔的手势拿着牙刷。

Step 3

牙刷上可先沾一些牙膏，因为干燥的刷头易让猫咪感到疼痛，或者是造成牙龈受伤。

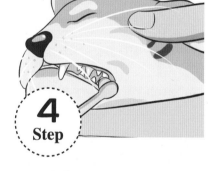

Step 4

刷牙时力道要小，太用力易造成牙齿和牙龈出血。用牙刷在牙齿和牙龈间移动，把牙齿上的牙垢刷出来。

Step 5

刷猫的牙齿时，把靠近鼻子的嘴唇稍微往上翻，让猫的牙齿露出来。

🐾 鼻子的清理

　　有一些猫咪的鼻子上总是会沾上黑黑的鼻屎，这些干硬的黑褐色鼻分泌物来自眼睛的泪液，眼泪由眼睛流到鼻子之后，干涸凝固成鼻屎。不过，这是正常的鼻分泌物，不需要太过于担心。当空气变得干燥时，鼻涕更加易于堆积，所以猫奴们要常常帮助猫咪清洁鼻子。此外，有些猫咪的鼻子易于堆积污垢，需要每天清洁，特别是波斯、异短这类扁鼻的猫咪。

◎ 日常清洁的步骤

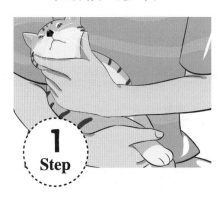

1
Step

先把棉花或者棉签用生理盐水沾湿，把猫咪放在膝盖上面，横着抱，抓住前脚，固定身体。

2
Step

取沾湿的棉花，在鼻孔边缘朝外侧轻轻擦拭。猫咪会因为接触到湿棉花变得紧张，要稍微安抚猫咪情绪。

✗ 错误的清理方法

严重鼻脓沾在鼻子上时，需要用盐水把鼻分泌物沾湿，不能用手把分泌物硬剥下来，否则易对鼻子造成伤害。

下巴的清理

猫咪进食后容易把残留物留在下巴上，但是它们清理身体时，无法清理到自己的下巴，因此，需要需主人帮忙。另外，下巴的皮脂分泌旺盛时，有可能会引起粉刺的形成，若清理下巴没办法改善粉刺的状况，会造成下巴发炎恶化时，建议带到动物医院去诊治。

◎ 下巴的清理步骤

1 Step

把棉花用温水或者生理盐水沾湿，顺着下巴毛发的生长方向擦拭，把残留在下巴的食物残渣或者粉刺轻轻擦掉。

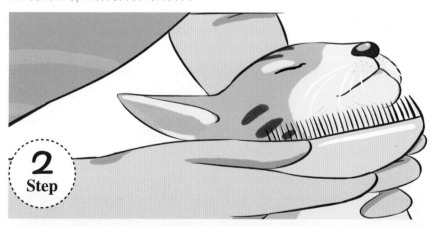

2 Step

长毛猫可先用毛巾擦拭，再用蚤梳轻轻把残留物梳理掉。

🐾 指甲的修剪

猫咪抓家具或者抓地板，是为了将自己的爪子磨尖锐，且留下自己的气味。由于指甲过长易于造成嵌入肉垫，造成肉垫发炎以及跛脚，饲养在家中的猫咪可定期修剪指甲。如果指甲钩到东西，猫咪由于紧张会过度拉扯，造成指甲脱鞘，轻微的脱鞘就会引起指甲发炎，严重的脱鞘则需要去做手术。不过，大部分的猫咪对于触摸脚是很敏感的，且在剪指甲时也会很躁动，因此，最好在幼猫时期就让猫咪习惯剪指甲的动作。

猫咪的爪子基本上是半透明的，可看到里面粉红色的血管。不过有些猫咪在10岁之后爪子会变得比较白浊，主要是由于体力变差，磨爪子的次数减少，旧的角质没有脱落，指甲就会越来越厚。

爪子的生长速度依据每只猫咪的个体差异会有所不同，一般是以半个月到一个月剪一次指甲最为理想，剪指甲同时也可顺便帮助猫咪的脚作个检查。

◎ 修剪指甲的步骤

修剪指甲时，选择小支、好握的猫用指甲刀比较合适。人类用的指甲刀有时候会发出比较大的声音，可能会吓到猫咪，以后想再给猫咪剪指甲就会比较困难。

1
Step

大部分猫咪不爱剪指甲，所以在剪指甲之前先要安抚猫咪，不要让猫咪把剪指甲与不愉快联系到一起。若猫咪很抗拒，那就不要强制，改天再剪。

Step 2

由于猫咪的指甲是缩在脚掌内，所以在剪指甲之前要先把脚固定好，并且把指甲往外推出。

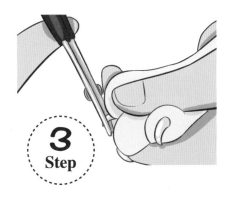

Step 3

用拇指和食指把猫咪的指甲往外推，并且固定好避免猫咪缩回，确认要剪的长度。

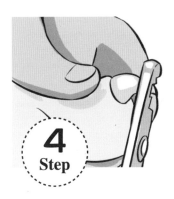

Step 4

注意剪的位置，看清楚血管长度，要剪在血管前面，若剪得太短，容易造成血流不止。

Step 5

后脚指甲的长度通常比前脚短，修剪时需要特别注意，剪太多容易造成指甲流血。

✖ 注意事项

如果猫咪一直转动，不让你剪指甲，也可请另外一个人协助。一个人负责剪指甲，另一个人负责安抚猫咪，分散它的注意力。

🐾 肛门腺的护理

　　猫咪有一个类似臭鼬臭腺的器官，叫做肛门腺。肛门腺的开口，位于肛门开口下方4点钟和8点钟方位，所以在外观上看不到肛门腺。当猫咪紧张时，肛门腺就会分泌一些很难闻的分泌物，代表着某种方面防卫的功能。

◎挤肛门腺的步骤

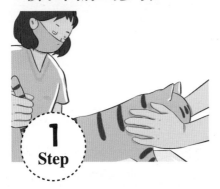

在帮猫咪挤肛门腺时，需有一个人在前面固定猫咪的上半身且安抚它，避免猫咪乱动，另外一个人则在猫咪的后方准备挤肛门腺。

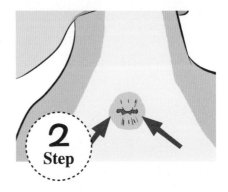

在肛门两侧有两个小孔是肛门腺的开口，位于肛门的4点钟和8点钟方位。

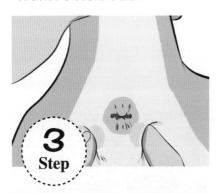

把猫咪的尾巴往上举高，拇指和食指放在肛门两侧，若肛门腺的分泌物是满的，就会摸到两颗绿豆大小的肛门腺。

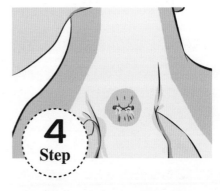

挤肛门腺时，用卫生纸稍微遮住肛门，避免被挤出的分泌物喷到（肛门腺体的味道是很难闻的），再用卫生纸把肛门周围的分泌物擦净即可。

🐾 如何为猫咪梳毛？

猫咪是喜欢干净的动物，吃完饭后总是清理自己的身体及梳理被毛。在梳理的过程中，猫咪会舔入很多毛发，吃下去的毛发在胃中结成"毛球症"，因此猫咪时常吐毛球。

春秋两季是猫咪的换毛期，此时掉毛量会随之增加很多。为了预防毛球症，建议定期帮助猫咪梳毛，把脱落的毛梳掉。梳理过程中也可顺便检查猫咪的皮肤，皮肤若有异常便可以及早发现，及时到医院治疗。

◎选择合适的梳毛工具

短毛猫一般使用橡胶制成的梳子或是硅制的梳子；长毛猫一般使用排梳或者是柄梳来梳理，特别是在毛发容易纠结的位置，可把打结的毛梳开。第一次帮猫咪梳毛的猫奴不建议使用针梳，由于针梳比较尖锐，若使用的力道控制不当，反而容易刮伤猫咪的皮肤，且会让猫咪因疼痛而对梳毛留下不好的印象。

梳毛的工具，从左至右是针梳、排梳、蚤梳、柄梳和直排梳。

若家中有两只以上的猫咪，可让每只猫咪有专属的梳子，这样不但可保持良好的卫生习惯，也可避免猫咪之间交互感染皮肤病。

◎梳毛三大秘诀

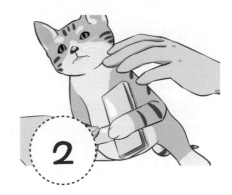

梳毛之前，必须先要让猫咪放松，最好是在猫咪心情好的时候梳毛，不要在它玩耍的时候梳毛，因为此时猫咪情绪比较亢奋，会误以为你在跟它玩，反而更加不容易梳理。

讨厌梳毛的猫咪，很有可能是由于之前的经验让它觉得不舒服，所以排斥梳毛的动作。建议选择合适的梳子，并让它慢慢地习惯梳毛。

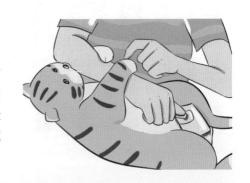

有些猫咪比较抗拒梳毛，或者是对梳毛比较没有耐性时，可能就必须分几步；或者是分几次来完成，最好是在猫咪感到不耐烦之前完成梳毛的动作。

◎短毛猫的梳毛步骤

建议使用柔软的橡胶和硅材质做成的橡胶梳，比较不会伤害猫咪皮肤，还可有效地把脱落的毛梳理掉。

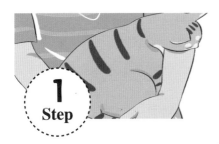

Step 1

当猫咪因为抚摸而感到高兴时，喉咙会发出呼噜声，身体也会跟着放松，梳毛就会比较容易。

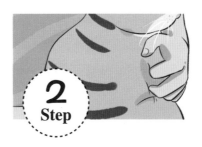

Step 2

从背面开始，顺着毛的生长方向，由颈部往臀部梳理。可先在猫咪身上均匀地喷些水，防止静电产生。

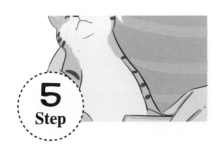

Step 3

下巴比较容易长粉刺或者是食物残渣残留，也可用梳子梳理干净。

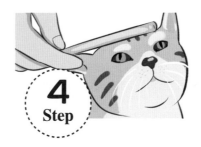

Step 4

轻轻梳理头部的毛发猫咪在梳理头部的毛发。猫米在梳理过程中会扭动，需要特别注意，以免伤害到猫咪的眼睛。

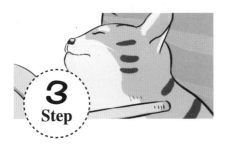

Step 5

由胸部往肚子的方向梳理肚子上的毛。由于大部分猫咪的肚子是比较敏感的，需要轻快地把毛梳理完。

Step 6

让猫咪呈侧躺姿势，轻轻抬起它的前脚，由腋下往下梳理腹侧的毛。（猫咪靠在自己的身体，易于进行。）

Step 7

最后，可把手沾湿，或者是用拧干的湿毛巾擦拭猫咪全身，把多余的毛去除掉，即完成。

◎长毛猫的梳毛步骤

　　梳毛可保持毛的蓬松。为不让长毛猫形成毛球症，最好每天梳理。到了春、秋两季换毛期时，更加需要每天梳毛好几次。长毛猫的毛发易于纠结的地方为耳后、腋下、大腿内侧等处，要特别梳理。

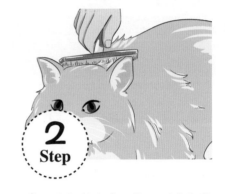

安抚猫咪，让它全身放松再开始梳毛。冬天易于产生静电，可先在猫咪的毛上喷一些水，防止静电产生。

顺着毛生长的方向，梳理颈背部的毛。大部分的猫比较爱梳理背部的毛，有一些猫梳理到臀部的毛时会比较敏感，梳理时需要稍稍注意。

接下来，由臀部往颈背部逆毛梳理。猫咪的皮肤比较脆弱，所以该步骤要尤其注意，不要把它的皮肤弄伤。此外，若梳下的毛量过多，可先把梳子上的毛处理掉，再重新从臀部逆毛梳理。

梳理头部和脸周围的毛需要小心，由脸颊往颈部的方向梳理。由于脸颊接近耳朵部位的毛易于纠结，因此需要特别留意，把纠结的毛球梳开，避免造成皮肤发炎。

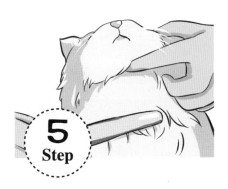

梳理下巴时，用一只手扶着猫咪的下巴，梳子由下巴往胸部梳理。长毛猫由于毛比较长，吃东西或是喝水时都易于沾到，造成打结。当有东西黏附时，可先用毛巾沾湿，把脏东西擦掉后，再把打结的毛梳开。

梳理前脚。一只手把前脚轻轻抬起，由肘部往脚掌方向梳理。（把前脚抬起，比较易于快速梳理完。）

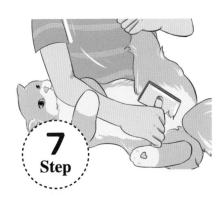

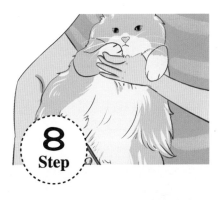

梳理后脚。可先由大腿开始，再往脚跟部梳理。梳理大腿的毛时可让猫咪侧躺，一只手扶着猫咪的脚来进行。

梳理肚子上的毛。把猫咪抱放在腿上，肚子朝上，由胸部往肚子的方向梳。肚子是猫咪非常敏感的部位，梳理时需要特别注意，当猫咪表现出不喜欢时，先暂停动作，安抚猫咪，不要过于强迫它。

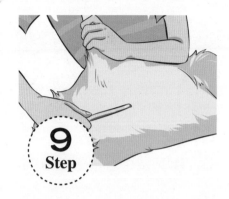

9 Step

梳理下腋时，用排梳来梳理。猫咪侧躺，用一只手抓住猫咪的一只前脚，梳理方向由腋下往胸部方向梳。

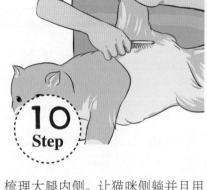

10 Step

梳理大腿内侧。让猫咪侧躺并且用一只手抓住猫咪的一只后脚，梳理方向由脚往肚子方向梳理。

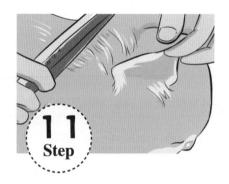

11 Step

梳理耳后。耳后的毛也比较容易打结，特别在耳朵发炎或者皮肤发炎时，猫咪会因骚痒而抓挠耳后，造成毛发纠结。梳理打结处，最好用手抓住毛根处，再把结慢慢梳开，这样不容易造成猫咪疼痛。

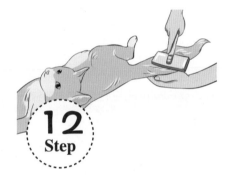

12 Step

尾巴的毛也容易纠结，特别是接近肛门处。很多猫咪有公猫尾的问题，尾巴的腺体会分泌大量的皮脂，除容易让皮肤发炎，也会造成毛打结。有打结状况时，需要慢一点梳开，硬拉扯会使得猫咪的皮肤受伤。

13 Step

最后，梳理并且检查全身。在换毛期间每天至少梳毛一次，保持毛的柔顺。

🐾 清除猫身上的跳蚤

跳蚤是一种导致猫产生奇痒、过敏性皮肤炎和寄生虫病（绦虫）的寄生虫，它不仅对猫有害，还有可能殃及主人。在为猫梳理毛发时可能会发现有跳蚤，这个时候不要惊慌，只要采取适当的措施，就能够很快把跳蚤清除。用齿密的梳子梳理猫的毛发时，若有跳蚤卡在梳齿里，不要把它碾死，应黏在胶条上面或者是放到溶有洗涤剂的水里杀死。若直接碾死，跳蚤体内的绦虫卵会飞出来，可能还会被猫舔食到体内。一旦在猫身上发现一只跳蚤，周围就可能会有无数只，需要赶紧消灭。

清理猫身上的跳蚤之后，还应对家中进行一次彻底地清洁。漏网的跳蚤或者掉在床上的跳蚤，需要用吸尘器彻底清除，特别是屋子的角落、木地板的边缘、地毯、毛毯的毛间等要仔细清理。若这样还没有清除干净，在屋里挂杀虫板或把其放到地毯和毛毯下。不过，杀虫板虽然是跳蚤的克星，但是对人和猫都会有害。因此，除非是家里跳蚤泛滥，一般不建议使用。有小孩和猫宝宝的家中也不建议使用。消灭跳蚤的关键还是保持猫身体的清洁，专门用于杀跳蚤的洗发剂和护理液就可用来对付用梳子也清理不掉的跳蚤。洗的时候，从头开始一点一点地用水淋湿，让跳蚤无路可逃。对于不爱洗澡的猫，可给它用跳蚤粉，一定要用猫专用的，分开撒在可能有跳蚤的耳后、腹部和腿跟的毛发处。需要把手插进去再撒上跳蚤粉，然后用毛刷梳理。即使是在跳蚤非常猖獗的时候也需要隔2~3天才撒一次，不能每天都撒，避免对猫造成伤害。

猫咪
喂养经

不同年龄、不同状况的猫需要的营养比例是不同的，主人应该依据宝贝猫的不同情况来给它选择适合的食物。同时，不管是干粮、猫食罐头、市售产品或是自己烹调的食物，都应该尽可能在营养成分上接近完美猫食。主人需要多观察自己的宝贝猫，给它最喜欢的营养食物。

🐾 猫咪所需的五大类基本营养物质

　　猫的身体状况与它所摄取的营养密切相关，而且，不同成长时期的猫对营养成分的需求也会不一样，需要了解猫自身的情况和食物的营养成分，有效合理地饲养，才能够使得猫健康成长。猫所需要的营养成分大致包括水、蛋白质、脂肪、糖类、维生素和矿物质等。

◎ 维生素、矿物质

维生素和矿物质是构成骨骼的主要成分，也是维持酸碱平衡和渗透压力的基础物质，还是许多激素和有机物质的主要成分，在猫的新陈代谢、血液凝固、调节神经系统和维持心脏的正常活动中具有重要作用。

◎ 水

水是猫不可或缺的营养成分，为防止因为缺水导致成年猫的代谢紊乱或死亡，平时应该准备充足的清洁饮水供猫饮用。一般情况下，猫所需要水分跟其年龄成反比。成年猫每天应该供给40~60毫升/千克体重，幼猫每天则应该供给60~80毫升/千克体重。

◎ 脂肪

脂肪是猫咪所需要能量的重要来源之一，它不仅细胞的主要组部分，还能够起到保温的作用，但是脂肪过多会引起过度肥胖或者造成代谢失调。在一般情况下，脂肪所占饲料干物质重量的15%~40%为适宜，幼猫最好喂含22%脂肪的饲料。

◎ 糖类

糖类主要包括淀粉和纤维素，是猫咪日常生活中所需能量的重要来源之一，在猫的食物中应该包含一定比例糖类的食物，比如白米、玉米、小麦等。

◎ 蛋白质

蛋白质是生命的基础，对于猫咪的生长繁殖起着十分重要的作用。成年猫每天需蛋白质3克/千克体重。干饲料中，成年猫的蛋白质成分不能够低于21%，幼猫不能够低于33%。

🐾 猫食的种类有哪些？

　　猫属于肉食性动物，其饲料以肉类为主，千万不可以由于个人喜好而要求猫吃素，更加不要喂它吃狗食。猫所需要的基本营养成分包括蛋白质、脂肪、糖类和各种维生素等，这些成分都不可缺少，所以应该根据具体情况来搭配猫的食物。市场上的猫食主要有以下几类。

1 　【干燥猫食】也就是一般来说的猫饼干。优点在于方便、快速、经济；含水量很低（约10%），容易保存；所含营养素均衡，并且有不同成长时期的配方，可作为平日主食；可帮助猫预防牙结石、减少口臭；含有大量的纤维素，可促进消化。

2 　【罐头猫食】优点是口感佳，且未开的罐头保存时间也很长，平日可以搭配猫饼干喂食，其中约含有75%的水分，以各式肉、鱼类为主，还含有丰富的动物性蛋白质、脂肪和高热量。缺点是大罐装一次吃不完容易腐烂变质，须存放在冰箱内。

3 　【各类保健食品】根据不同猫咪的生长情况，适当地喂食一些保健食品，才能够补充猫咪体内所需营养素，不至于造成营养失衡。主人在挑选爱猫的保健食品前建议先询问兽医的意见，以免造成反效果。

4 　【点心类食品】作为成长中的小猫、怀孕母猫、活动量大的猫咪在正餐之外的食物，比如小鱼干、虾米、饼干等。人类的食物含盐量太高，最好能够购买猫专用的点心。分量太多会使猫习惯口味重的食物，造成偏食等状况，因此，给予点心的时候需要特别注意分量及品项，不要给猫造成坏影响。

🐾 成年猫的喂食原则

不同年龄、不同健康状况的猫所需要营养各有不同，也会有不同的进食特点，这个喂食重点，很多主人无法灵活掌握。主人应依据猫所处的特殊情况，选择适当的猫食，正确地饲养宝贝猫。尤其是年幼的猫和成年的猫喂食原则是截然不同的，其中，成年的猫若考虑怀孕情况，喂食内容又和普通的成年猫不一样。所以在选择

猫食的时候，必须考虑猫的年龄、健康状况、成长阶段以及生活方式等因素，为它做最好的选择。

一般成猫平均体重3~5千克，一天需要85克左右的干燥或半湿猫食，或者170~230克的罐头食品。喂食量因猫而异，同时也要兼顾食物的营养成分，还要注意看猫当时的食欲和身体状况，总之需要弹性控制。

🐾 幼猫的喂食原则

幼猫的成长有两个时期：快速生长期及性成熟期。快速生长期大约在幼猫断乳后的 2 ~ 6 个月。这段时间幼猫贪玩并且生长速度快，为保证充足的能量供给，必须提供蛋白质以及热能含量都比较高的均衡营养食物。但是由于幼猫身体未能发育完全，所以一天需要多喂几次，最好选择新鲜的鱼、鸡、猪、牛肉配合少量的幼猫粮，

尽量少喂淀粉类食物，以便能够好好地满足它的胃口。6~12 月龄时，猫的生长速度开始变缓慢，活动量也减少，这时食量比较大，可增加每餐分量而减少用餐次数。为保证其因生长速度变慢所产生的不同营养需求，可在原有食物的基础上，适当添加一点营养丰富的猫罐头食品。猫是肉食动物，幼猫的所有饲料也必须以肉食为主。

🐾 怀孕期母猫的喂食原则

在饲养怀孕的母猫时，最好使用特制的猫食（蛋白质含量要在 30% 以上，每千克含有 16 千焦热量）来喂食。如果给猫喂的是高品质、能够提供均衡营养的食品，就没有必要再喂食维生素了。母猫在怀孕的第 3 周会出现短暂的食欲丧失的情形，持续时间 3 ~ 10 天不等。当产期接近时，母猫也可能会丧失食欲，这时不用急着更改猫食的种类和喂食计划。在小猫出生前的 24~48 小时，母猫会出现拒绝进食的情形。一般而言，小猫出生后的 24 小时以内，母猫的食欲就会逐渐恢复。

🐾 哺乳期母猫的喂食原则

哺乳期内，因为自然生理反应及幼猫需求，母猫对食物和水的需求也会增加，这个时候应该准备一碗干净的水，在喂食之前先把食物蘸水弄湿，这样既能增加母猫对食物与水分的进食量，也有利于培养幼猫食用固体食品的习惯。幼猫断奶后的第 1 天，只需要给母猫喂一些干净的水；幼猫断奶后的第 2~4 天，应该分别把母猫的喂食量控制在怀孕之前正常进食量的 1/4~3/4；在第 5 天，应该恢复母猫怀孕之前的正常进食量。总而言之，主人应该依据断奶天数的不同，给予母猫相对应的食物分量。

主人注意！猫咪禁忌食材名单

　　猫的肝脏功能不像其他的动物那么完整，有些食物猫是不能吃的。否则，毒素容易积累在身体导致中毒，因此，有些食物绝不能拿来喂养猫。

「洋葱、葱」

洋葱中富含有破坏猫体内红细胞的成分，既不能够单独喂洋葱，也不要混在碎肉中。

「内脏、白饭」

这种吃法最容易引起宠物皮肤问题，比如湿疹、皮屑和皮肤发痒等一系列问题。

「生猪肉」

生猪肉里存在有弓形虫，易导致猫生病。

「章鱼和贝类」

章鱼和贝类中含有一些猫不适应的成分，多吃会引起猫消化不良和胃肠障碍。

「海鲜类」

海鲜类食物应该少喂。因为猫狗无法完全代谢海鲜里的矿物质，易产生结石。有的海鲜会导致猫的皮肤发炎，应该先让猫少量食用，没有反应后才适量给予。

「鱼骨、鸡骨」

猫不会咀嚼食物，而是直接吞下去，大骨头可能会刺伤猫的胃。且鱼骨头含钙、磷，长期食用会引起猫的泌尿系统结石。

「牛奶、生蛋白」

牛奶虽然营养价值比较高，但不利于消化吸收，可能引起腹泻。切勿喂猫吃生蛋白，生蛋白含有一种抗生素蛋白，会让猫缺少维生素、铁等矿物质。

「巧克力」

巧克力所含的可可碱会造成猫食物中毒，中毒则可能引起呕吐、下痢、尿频、不安、过度活跃、心跳呼吸加速，甚至最终会导致猫因心血管功能丧失而死亡。

🐾 影响猫食欲的因素

猫的食器应固定使用，因为它们对食器的变换十分敏感，有时会因换了食器而拒食。因此，食器不能够随便更换。可在食器底下垫上报纸或塑胶纸等，防止食器滑动时发出声响，且易清扫。保持食器的清洁，每次吃剩的食物需要倒掉或者收起来，等待下次喂食时和新鲜食物混合煮熟之后再喂食。影响猫食欲的因素主要有饲料、环境和疾病三种。

🐾 猫需温度适宜的食物与充足的水

猫喜欢吃温热的食物，凉食、冷食会影响它的食欲，易引起消化功能的紊乱，食物的温度以30~40℃为适宜。必须具备有充足水供给猫饮用，每天都需更换，饮水盆可放在食器一侧，便于猫口渴时随时饮用。猫吃饭的时间需固定，不能够随意变更。放猫食的地方也需固定，要选安静的地方，发现猫在吃饭时有用爪勾取食物或把食物叼到食器外食用的不良习惯，就要改正。

🐾 牛奶、鸡蛋的喂法

猫不喜欢吃刚从冰箱里拿出来的食物，把打开的猫粮放在冰箱里，在喂食之前应在室内放上一段时间使其达到室温。猫喜欢每日喝一碗牛奶，但不是所有猫都喜欢这样，有些猫可能因为无法消化牛奶而产生腹泻。如果喂食鸡蛋，一周切忌不能超过两个。不能喂猫吃生蛋白，因为生蛋白含有抗生素蛋白质，这种化学物质会中和维生素，进而使猫无法获得身体所需的维生素。

🐾 猫的饭量多变，掌握喂食规则

在喂食猫的时间掌握上，没有满5个月的猫每日喂食四五次，分量不能太多；5～12个月时，就要逐步减少到成年猫的喂食量。根据研究，猫更加喜欢少量多餐，且还可能随着主人的喂食习惯来调整自己的进食规律，因此，成年的猫依据主人的习惯而定，没有强制性的规定。不过，猫对食物品质有一定的要求，要新鲜，不能被苍蝇叮咬，同时还喜欢食用与自己体温相近的食物。

🐾 市售猫粮是猫咪的最佳选择吗？

猫粮制造商花费许多人力、物力研究宠物食品，这样用心的成品，确实可给猫提供健康生长所需要的营养成分，一般来说，喂食猫粮已经足够。但是需要特别注意几点，猫喜欢多样化饮食，不一样口味的猫粮可满足它们的要求，还可以适量给予新鲜肉、鱼作为饮食调剂；对于只吃干猫粮的猫应该随时提供清水，否则可能会出现排尿困难的情况。

🐾 猫为什么不能吃鸡骨头？

野猫喜欢食野外鸟儿，连皮带骨吞下也不会引起任何不适，还可从小动物的骨骼中获取身体所需要钙质，同时啃生骨头还能锻炼牙齿和牙龈。对家猫来说，煮熟的鸡骨即使已碎成骨头渣也有可能刺伤肠胃，大一点的骨头还有可能卡到喉咙，或扎到牙齿上，让猫难以剔除而痛苦不堪。为防止猫受伤，最好把骨头剔除再喂食。猫喜欢吃骨头，可选生牛、羊腿骨，比较不会造成伤害。

🐾 猫有可能成为素食主义者吗？

如果猫是素食主义者就好了，这样可为主人减少开支，还能够避免猫口中因为长期食肉而出现的不良气味。猫若想要维持健康，饮食中必须含有一定数量的肉蛋白，蛋白质转化成氨基酸后成为猫生长发育不可或缺的营养素。部分氨基酸能从肉类之外的食物中获得，但是有一些却只存在于肉类，比如一种名为牛黄酸的蛋白质，它是预防失明和某种心脏疾病的必需元素。

🐾 为什么猫已经吃饱却还要抓鸟？

猫首先是一种捕猎动物，其次才是我们的宠物，所以不管主人怎样精心饲养，猫的捕猎本能依然十分强烈并且执着。野猫喜欢频繁捕猎，因为需要尽快为下一顿饭做好准备。家猫与饥饿的野猫不一样，喜欢在吃饱之后捕食一些比自己小一点的动物，比如青蛙、小鸟、田鼠、松鼠或者幼兔，甚至昆虫等，目的也只是为训练一下日渐生疏但是仍然残留于血液中的捕猎本能。

🐾 猫把食物拖出食器吃，怎么办？

猫把食物拖出宠物碗外来吃的原因有很多：可能是主人给猫的宠物碗太小，猫喜欢比它两边胡须稍微宽一点的碗或碟子，不然它就会把食物拖出来吃；或许是宠物碗里有大块肉或骨头，看起来像它在野外捕获的猎物，那么猫会本能地把它拖出宠物碗来吃，就跟在野外一样。为训练猫良好的饮食习惯，主人除随时保持宠物碗的干净外，可把它拖出的食物放回盘子且严格说"不"。

🐾 为什么猫喜欢喝水洼的脏水？

　　猫和人类一样，水是不可或缺的，主人应随时给它提供一碗干净的饮用水。对于经常吃干猫粮的猫，一碗水更加不可或缺，因为主食为干猫粮的猫所需要的水分比以罐头为主的猫多七倍。猫又会出现拒绝洁净的饮用水而偏偏去喝肮脏水洼里的水，这让猫主人头疼不已。出现这种情况时，有可能是因为饮用水太凉，一般来说，猫喜欢进食和体温接近的食物和饮水。

🐾 猫没胃口，如何让它吃多东西？

　　猫出现不明原因的胃口不好，可能是由于某种食物引起胃部不适而出现的类似反应；也可能是食具使用时间过长，散发难闻的气味。主人应进行细心地观察，若宠物碗出现怪味，则应彻底清洁或另买新碗。若猫很长时间没有进食，一定要确保有足够的水，以弥补它从食物中应获得的水分。猫一直试图进食，但看起来非常困难，那可能是喉咙或者牙齿有疾病。

今天有好吃的哦

🐾 猫生病的时候，应给它吃什么？

　　若猫罹患呼吸系统疾病而影响到它的嗅觉，主人可拿一些香气浓烈的食物来引诱它，利用一些味道较浓的食物来刺激猫的味蕾，还可在日常食物中加一些牛肉高汤等。另外，保持它的鼻孔畅通，有利于帮助其恢复胃口。还可在猫的鼻子上抹上一些食物，让它舔食，或许可帮助它重开食欲。如果猫还是拒绝进食，则可把一些食物卷成小小的软球，大概豆子大小，让猫像服药一样服下。

🐾 对猫咪有毒的植物

下列植物尽可能不要让猫咪直接接触：

◎**铁线蕨**：全株。过量误食会导致腹泻、呕吐。

◎**文珠兰（文殊兰）**：全株。大量误食将引起神经系统麻痹甚至死亡。

◎**孤挺花（朱顶红）**：鳞茎。误食会引起呕吐、昏睡、腹泻。

◎**沙漠玫瑰**：全株，乳汁毒性较强。误食茎叶或乳汁，会引起心跳加速、心律不整等心脏疾病。

◎**长春花**：全株。误食会导致细胞萎缩、白血球减少、血小板减少、肌肉无力、四肢麻痹等。

◎**杜鹃类**：全株，花、叶毒性较强。误食会产生恶心、呕吐、血压下降、呼吸抑制、昏迷及腹泻等症状。

◎**变叶木**：液汁。误食其汁会引起腹痛、腹泻、呼吸抑制、昏迷等症状。

◎**绣球花**：全株。误食茎叶可有胃痛、腹痛、腹泻、呕吐、呼吸急迫、便血等症状。

◎**虞美人**：全草有毒，果实毒性较大。误食大量茎叶后易出现狂躁、昏睡、心跳加速、呼吸快慢不均等症状，重则死亡。

◎**蟹蟹花**：鳞茎。误食会导致呕吐、腹痛、腹泻、头痛。

◎**中国水仙**：全草，鳞茎毒性最强。误食会导致呕吐、腹痛头痛、腹泻、昏睡、虚弱，严重时可致死。

◎**彩叶芋**：叶和块茎。误食会导致嘴唇、口、喉有麻痹和灼痛感。

◎**黛粉叶类**：全株，茎毒性最强。汁液与皮肤接触，常引起发炎和奇痒，触及眼睛会导致红肿；误食茎部会造成口喉刺痛、声带麻痹、大量流涎，有时还有恶心、呕吐和腹泻等症状。

◎**鸢尾**：全株，尤其根茎及种子。误食过量会导致消化道及肝脏发炎、呕吐、腹泻。

◎**海芋**：块茎、佛焰苞、肉穗、花序。误食会导致喉部肿痛、嘴唇麻痹，甚至昏迷。

◎**风信子**：全株，尤其鳞茎。误食会引起胃部不适、抽筋、上吐下泻。

◎**龟背竹**：茎叶及汁液。误食茎叶会造成喉咙疼痛；汁液入眼会有刺激症状。

☙ 怎样帮猫咪顺利"吐毛球"？

◎ 口服鱼肝油

给猫咪口服鱼肝油可以让猫吐毛。建议最好选用液体鱼肝油，两滴即可。口服鱼肝油的同时，应该再加服一点金施尔康一类的营养药，避免吐毛次数过多，影响肠胃。

◎ 使用一些青草

猫咪食用一些青草，可促进毛球的形成和排出。猫咪有时会咬噬家中的花木用来代替，但是有些花木含有毒素，这有可能会给猫咪带来伤害，比如百合。所以，可去宠物店买一些猫草碎来解决这个问题。或者在家种一些猫草以备猫咪食用，这种方法的特点是一举两得，猫咪不生病，家中也有一簇新鲜的绿色。

◎ 食用去毛膏

去毛膏含有营养物质，以及去毛球成分，经常服食，可有效预防猫只体内毛球的形成，按照规定剂量服食，可促使体内毛球迅速排出。

◎ 使用植物油

把植物油抽取到针管中，按照每 2.5 千克体重 8 毫升左右的剂量喂服。16 小时之后，在猫咪胃部的毛球就能够被猫咪以呕吐或排泄的方式排出体外。不过，灌油的滋味应该是不太舒服，感觉有点像洗肠。这种方法的缺点是猫咪可能会挺受罪的，所以不建议使用。

Tips

猫咪吐毛球一般是在成年，至少 8 个月以上。有些猫有洁癖，因为舔毛过多，可能 6 个月就会吐毛。若猫咪没有主动吐毛，也不需过于困扰。毛球的形成是由于猫咪在梳理时舔自己的毛，把毛吃下肚去，日积月累，形成毛球。还有的猫在玩耍时不小心吃进线头或者毛团，也会过一段时间之后吐出。吐出的毛呈条状，黄褐色，手指粗细。有些长毛猫如金吉拉猫、波斯猫，在天热时舔毛非常频繁，吐毛次数就会增多，有的猫甚至天天都会吐毛。在这种情况下，建议勤于梳理猫咪的毛，若有条件，最好把猫的被毛修剪短。

宠物派

原料

•鲜鸡肝 100 克•鸡蛋 1 个•玉米粉 100 克•面粉 40 克•小苏打少许•食用油适量

做法

❶ 将鲜鸡肝洗净，去掉筋膜，放入搅拌机中，打碎成末；鸡蛋磕开，搅打成鸡蛋液备用。

❷ 将鸡肝、鸡蛋液、玉米粉、面粉和小苏打混合，加适量水，搅拌均匀，静置一会儿。

❸ 将面团摊开，放入油锅中煎熟即可。

宠物派的蛋白质含量极为丰富，对猫的健康很有帮助。这款宠物餐是为猫咪量身订做的营养餐点，除了对猫本身的营养摄取大有助益，也兼顾了猫的口味，很受它们欢迎，主人可以亲自制作给爱猫食用。

黄金海岸粥

原料

猫用罐头（金枪鱼）适量•草虾 3 只•菠菜 20 克•胡萝卜 25 克•米饭 15 克•熟蛋黄 1 个

做法

❶ 将草虾洗净，放入沸水中烫熟，捞出，放凉备用。

❷ 菠菜和胡萝卜洗净，放入沸水中烫熟，捞出，切末。

❸ 将熟蛋黄碾碎，与菠菜末、胡萝卜末、虾肉末、米饭、金枪鱼罐头搅匀即可。

这款猫餐很容易上手，再加些小步骤就可以和爱猫一同享用相同的风味餐！有些猫喜欢先把水都喝完才吃食物，若是家中的猫比较少喝水，也可多加一点水让它补充水分。

鸡肉胡萝卜馒头

原料

鸡胸肉 50 克·胡萝卜 50 克·五谷杂粮
粉 50 克·鸡蛋 1 个·食用油适量

做法

❶ 将鸡胸肉切成小丁，加水煮熟。

❷ 将煮好的鸡胸肉用碎肉机绞成肉
末；胡萝卜切丁，打成末。

❸ 将打成末的鸡胸肉末、胡萝卜末，
加食用油、鸡蛋和事先准备好的五
谷杂粮粉混合均匀，做成馒头状，
蒸熟即可。

其实猫也可吃些五谷杂粮，只需混合丰富
的蔬菜和肉类，放在猫的鼻子面前让它闻
一闻，便能立刻激发出它的食欲，屡试不
爽。混含丰富营养素的五谷杂粮，做法简
单，很适合猫咪食用。

方便营养餐

原料

小米 30 克·包菜 20 克·牛肉 40 克·胡
萝卜 10 克·食用油 5 毫升

做法

❶ 将小米煮成小米饭；包菜洗净，切
碎，再烫熟；胡萝卜去皮、洗净，
烫熟。

❷ 牛肉放入高压锅中，加水和食用油，
煮至烂熟。

❸ 将牛肉与胡萝卜剁成蓉，与包菜碎
混合均匀，与小米饭充分混合即可。

小米具有防治消化不良的功效，如果家中
猫咪常出现相关症状，此款营养餐能够防
止反胃。要特别注意的是，让猫在食用小
米的时候，尽可能做得软烂一些，这样的
口感比较容易得到猫的喜爱。

鸡肉拌饭

原料

鸡肉 100 克 •米饭 100 克 •猫罐头少许 •鱼肉 100 克

做法

❶ 将鸡肉煮熟，用叉子在肉上扎出小洞；将鱼去掉刺，煮熟。

❷ 将鸡肉切小丁、鱼切小块后拌入米饭中，充分搅拌均匀，让每粒米饭上都沾有肉或鱼，避免猫只把肉和鱼吃掉，而留下米饭。

❸ 最后加入猫罐头，搅拌均匀即可。

鸡肉含有丰富的蛋白质、维生素等多种营养素，能够满足猫的营养需求。这款营养餐可以充分补充猫所需要的牛磺素，并提高其抵抗心血管疾病的能力，主人可以适量地为猫备上一些。

香米鸡丝小鱼

原料

鸡胸肉 150 克 •胡萝卜 10 克 •米饭 15 克 •小型鱼 1 条

做法

❶ 将鸡胸肉清洗干净，放入沸水中，余烫熟后，捞出放凉，再切成小丁备用。

❷ 将胡萝卜切成细丝，在沸水中煮熟。

❸ 将小鱼洗净，放入电锅中蒸熟，取出放凉备用。

❹ 将鸡肉丁、米饭与胡萝卜丝搅拌均匀，待整盘放凉，放上已蒸熟的小鱼即可。

香米中富含维生素、纤维素，有很好的健胃养脾作用。香米还富含糖类，有止渴的功效，另外对于腹泻等症状也有很好的疗效。而鸡肉低脂肪，低热量，适合作为肥胖猫咪的食材。

🐾 如何防止猫咪变肥胖

　　肥胖指的是比理想体重多 15% 以上的状态。给猫咪过多的食物、运动量不足、绝育和避孕、猫咪年龄的增加都会导致肥胖。

　　假如产生了肥胖的现象，就很有可能导致各种各样的疾病，比如糖尿病、心脏病、癌症、关节疾病等。因此，要经常检查猫咪是否肥胖，一旦发现肥胖就需要尽早帮助猫咪减肥，努力恢复健康的体格。

◎ 检查猫咪是否肥胖

以下项目若有一半以上符合，那么猫咪就很有可能是肥胖，若比较担心，请带猫咪去宠物医院进行详细咨询。

⊙ 比 1 岁时体重要重

⊙ 时常去吃人类的食物

⊙ 不知道猫咪正常的体重

⊙ 不确定每日的饮食量

⊙ 猫咪不喜欢走路

⊙ 进行了绝育或者绝孕

⊙ 经常听到有人说猫咪圆乎乎的真可爱啊

⊙ 猫咪开始不能上下楼梯

⊙ 肚子没有凹陷，腰部没有曲线

◎ 减肥的要点

为了保持猫咪的健康，需要在咨询医生的基础上实行以下几点，切实保障减少饮食量，维持正常体重。

◆ 控制饮食量

饮食量不要以现在（肥胖状态）的体重为基准，而是要以原来（正常状态）的体重为基准。

◆ 给猫咪高纤维、低热量的食物

◆ 尽可能不要给猫咪吃零食

假如要给猫咪吃零食，必须要减量。

◆ 调整环境使猫咪可进行适当的运动

◆ 定期记录猫咪的体重

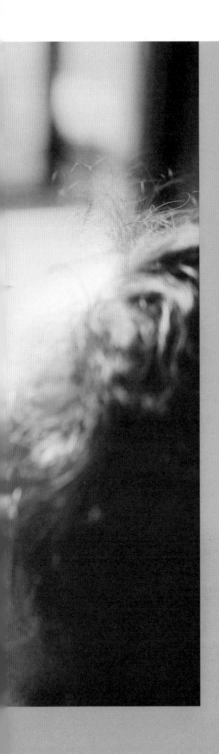

读懂"猫语"
驯好猫

你得先了解猫的语言，才能和它们进行沟通交流。
许多人与猫相处时，急于建立彼此的亲密关系，
因而忽略了猫的心情。猫有很多面貌，不同的猫
会因生长环境及性格的不同而出现明显差异。当
你了解了猫的语言，你很快就能发现，原来，养
猫是一件如此惬意甜蜜的事情！

🐾 猫的生理指标

　　主人必须了解和熟悉猫的一些生理指标，以便于能够更好地掌握猫的健康状况，以及对猫进行调教。猫的平均寿命大约为13岁，有文献纪录最长寿的猫活到30岁。猫的性成熟年龄为7~14月，其中短毛猫较早，长毛猫较迟；平均性周期14天，发情期1~6天，最长为14天。猫比较适合的繁殖年龄在10~18个月时，平均妊娠期63天（60~68天），产子数4只（1~6只，高产的纪录是13只），哺乳期2个月左右。猫的正常体温（肛门探测）为39℃，介于38~39.5℃；呼吸频率为20~30次/分钟；心跳频率，幼龄猫为130~140次/分钟，成年猫为100~120次/分钟。

🐾 猫咪的灵敏感官之一：触觉

　　触觉主要是通过被毛及皮肤来感受触压的轻重、冷热和疼痛。猫特殊的触觉感知处有鼻端、前爪、胡须以及皮肤等部位，无毛的鼻端和前爪特别敏感。猫常用鼻端去感触物体的温度和小块食物，并且借助舌头的帮助来分辨食物的味道和气味，以便于选择适合自己口味的食物。前爪经常用来感触不熟悉物体的性质、大小、形状和距离。人们经常可以看到猫伸出一只前爪，轻轻地拍打物体，然后再把它紧紧地触压，最后才用鼻子贴紧

物体进行嗅闻检查。前爪还能够感知颤动，甚至能够通过前爪像耳朵一样听声音，正因为这样，猫特别害怕对它爪底的震动。

胡须是猫的触觉器官中最敏感的一个。长在嘴唇上端的胡须，稍微碰到物体便会有反应，因此，有人把它比作蜗牛的触角。当猫在黑暗处或狭窄的道路上走动时，胡须还具有雷达的作用，能够很快感觉到眼睛看不见的东西，它稍微抽动胡须，用以探测道路的宽窄，并且能够马上采取行动，避开或者追捕所感觉到的物体，便于准确无误地自由活动。许多科学家认为，在黑暗中，猫的胡须是通过空气中轻微压力的变化来识别和感知物体的，是作为视觉感官的补充。

胡须对猫来说，是比较重要的触觉器官，如果把胡须剪掉，将会妨碍猫的捕猎本领，尤其是在黑暗的夜里更加严重。猫的睫毛也有类似的作用。

若把猫的胡须拔除，在某些时候是会影响其行动的，一般认为胡须突出的宽度约为猫身宽度，这使得猫在跟踪猎物时可大概估计距离，使得身体可经过而不碰触到周围的事物，或者避免因碰触而发出声响。另外，某些研究推测，猫行进在黑暗中或者跳跃时会把胡须朝下弯曲，用来侦测整趟路程出现的障碍，如巅簸的路面、石头或坑洞等，即便用最快的逃命速度前进也不会受到任何阻碍，因为胡须所侦测到的讯息会立即让身体改变方向而躲过障碍。

此外，猫前肢腕关节背部的毛，触觉比较敏感，因此，它的前肢经常用来抓捕猎物；皮肤则有冷暖感受器，以便感知周围环境，寻找最温暖的地方睡觉或玩耍。但是，猫的身体对温度感觉相对较差，温度超过52℃时，它才会感觉到热。

🐾 猫咪的灵敏感官之二：听觉

猫有着十分灵敏的听觉，能听到30～45千赫兹的声音，比狗还要灵敏，这取决于它听觉器官的特殊生理结构。猫的耳朵由外耳、中耳、内耳组成，其鼓膜发达，不仅可听到清晰的声音，即便在噪声中，也能够准确区别距离15~29米和相距1米左右的两种相似声音。

人能听到的声音频率约为2万赫兹；狗能听到3.8万赫兹的频率，却无法区别高处和低处；而猫能听到5～6万赫兹以上的高音，并且能找出声音的位置。所以老鼠发出2万赫兹的超声波时，即使在20米外的地方，猫咪也能听得到。

猫对声音的定位功能也很强，就跟雷达天线般，它时常全神贯注地搜寻周围声音，并且能辨别声音的方向。猫的内耳平衡功能也远比人类强，它能够听见两个八度音阶的高频率音，比人能够分辨的音域更加宽广。猫以其灵敏的听觉，再经一些训练，就能够从我们的声音中明白意思。由此可见，猫的耳朵是跟我们沟通的最好方法。所以，在与猫相处的日子中，心疼猫的主人们一定要做好对猫耳朵的检查和日常清洁工作。经常帮助猫清洁耳朵，除了让耳孔内的空气流通外，还可避免污染物和耳油积聚而导致耳朵发炎等疾病。如果发觉猫时常抓耳、耳朵出现流脓等现象，即表明耳朵出现毛病，需要立刻前往兽医院医治。

😺 爱干净与好奇心是生存本能

猫是非常爱干净的动物，它爱干净，并不是由于打扮行为，而是一种生理上的需要。在炎热季节为了把多余热量排出体外，猫时常会用舌头将唾液涂抹在皮毛上，借助唾液水分的蒸发带走身体的热量，起到降温消暑的作用。同时，这样还会刺激皮肤毛囊中皮脂腺的分泌，使得毛发更加滋润、富有光泽，并且能在脱毛季节促进新毛的生长以及防止毛皮中产生寄生虫。

掩盖粪便则是猫的另外一项爱洁习惯，源于祖辈流传的生存本领。野猫为防止天敌发现自己的踪迹，通常会把粪便掩盖起来，被高度驯养的家猫虽不需要如此谨慎，但却保留这种爱清洁的习性。

猫有着强烈的好奇心，对身边发生的事情总是持有浓厚的兴趣。当看到陌生的东西时，它就会好奇地用前爪去拨弄一番，以试探并且弄清楚究竟，这一点在新生的小猫身上表现得尤其明显。新生小猫对周围的一切事物都感到新奇，总是怀着对陌生环境的好奇心，努力去学习不同方面的技能，经常带着好奇心去接触、玩耍，在这个过程中它们慢慢长大，也慢慢学会了生存的技能。

😺 爱睡觉是猫咪的天性

除了喜欢夜游之外，猫还贪睡。在所有的家养禽畜中，猫的睡眠时间最长，一生中几乎2/3的时间都在睡觉。猫的睡觉时间也会受气候、饥饿程度、发情期和年龄的影响。虽说如此，猫在睡眠时警觉性却是很高，只要有点声响，猫的耳朵就会抖动，有人接近的话，立刻会站起来，这与它至今仍然保持着野生时期的警觉和昼伏夜出的习惯有关。猫的很多活动经常都是在夜间进行的，每天的黎明和傍晚是猫最活跃的时候，到了白天，它们就像条件反射一样变得慵懒，大部分时间都花在睡觉上。和人们一起生活的猫睡得较入眠，有些猫甚至会公然敞开肚子睡觉。

猫咪是崇尚夜晚的肉食动物

猫属于食肉目下的猫科动物，野生猫以肉食为主，鸟、鱼、鼠和大型昆虫等都是捕食目标；家养后，家猫的食物虽然逐渐向杂食方向改变，也会进食米饭和蔬菜等，但还是对鱼、肉类食物比较喜欢，而且它们的消化系统还保留着明显的肉食动物的特征。因此，主人要视猫的消化生理功能和身体营养需要，注意适当喂一些鱼、肉类食物，保留其猫科动物的习性。猫白天睡懒觉，夜晚则改一改白天的懒散，精神抖擞地外出觅食、游荡、求偶等。猫的视力非常敏锐，在光线微弱处以及夜晚都能够清晰辨物，因此格外喜爱夜游。最好把喂食时间也设在黎明或夜晚，以便于猫的进食和消化。

读懂猫咪的"孤僻"性格

生性孤独、不喜欢群居是猫的一大特点。野猫经常独自流浪，独来独往，过着无拘无束的生活；家猫也保持这个天性，表现得多疑和孤独，它不需伙伴，喜欢独自外出活动，且只愿意做自己喜欢的事情。所以，要与猫和平相处，先充分了解猫的这一特性，在适当的时候给它自由的空间吧！

一旦猎物出现，就会迅速出击擒取猎物，以免被其他猫从中夺取，这就是猫自私的表现。猫还具有强烈的占有欲，对食物、领地、主人的宠爱等，都不愿意和同伴或其他动物分享。在和主人一起生活的过程中，它会在主人的家里以及其周围环境建立一个属于自己的领地，绝对不允许其他猫进入自己划定的范围，甚至在家中生活时间比较长的猫，不但会嫉妒同类，有时还会对家庭中小主人宝宝的出现产生不满和嫉妒，并且找机会发泄这种不满的情绪。

猫的性格比较孤僻，喜欢独来独往，独立性很强，它在生活中已养成一种自我主义行为特征。

🐾 猫好心情的各种迹象

猫不能够像人类一样用语言来表达自己的想法，但是，它也有表达自己情感的方式，主人仔细观察自家爱猫，看着它各种有趣动作所代表的意义，绝对会发现其乐无穷！收录猫咪的各种表情、姿势，清晰点出猫咪的各种心情。

◎ 轻松平静

用前掌来洗脸，全身躺下往前伸展，或是全身蜷成一团。当它睡饱，会前低后高地伸展前腿，还会躺着或坐着，瞳孔缩成一条线，眼睛半张或闭上。

◎ 信赖

四脚朝天，在地上翻滚，表示它非常信赖你，感觉很安全。

◎ 亲近

身体直立站定，尾巴伸直，尾巴尖端轻轻摇摆，有靠近主人的意思。

◎ 高兴

吃饱了，擦擦嘴，舔舔脚掌，坐下来，摇尾巴。

◎ 好奇

用前脚站起来，耳朵朝前倾，嘴巴紧闭，瞳孔睁圆，尾巴垂下，末端轻轻地摇动。

◎ 欢迎

主人回家时，跑到门口坐着，缓慢而大幅度地摇晃尾巴。

◎ 撒娇

坐着，瞳孔微放，大尾巴直立，或是摇动，感觉它随时要过来。或是走过来绕着你的脚，不断用头来磨蹭你。

◎ 惊喜

瞳孔圆圆的，耳朵竖直，口微开。这是猫在闻到厨房里有香味时的反应。

🐾 猫坏心情的各种迹象

　　猫和人们一样，都会有心情低落的时候，从它展现在外的表情以及迹象，主人可仔细观察、对照，明白爱猫此时的心情，并且找出安抚的最佳时机。我们可通过观察猫的眼睛瞳孔、尾巴的动作、胡子的状态得知猫的心情是否愉快。同样，猫咪生气、警觉或者想攻击外物时，也会有所表示。

◎ 心事重重

耳朵朝前方，瞳孔稍稍放大，胡须向下垂。

◎迷惑，烦恼或愤怒

身体低低站着，尾巴垂下，缓慢地摇动。

◎ 惊觉

眼睛圆睁，耳朵完全朝上，前面胡须上扬。

◎ 警戒

双耳平放，身体拱起，尾巴挺直向上，全身的毛竖起。

◎思考对策

胡须竖起，尾巴迅速地摆动，表示它认为来者不善，下一步也许是逃走，也许是进一步恐吓，甚至攻击。

◎准备攻击

身体前低后高，尾巴平伸，双耳朝前倾，爪子全部展露。

◎攻击

胡须上扬，吼声出现，张嘴露齿，双耳后压。

🐾 猫咪的"声音"你听懂了吗？

猫喜欢打呼噜，发出"喵喵"的声音，或大声嘶叫。也许有人还不知道这些不同的声音各表达什么不同的意思吧？那么请看以下内容。

◎ 呼噜

在主人抱着抚摸它的下巴、半夜上床和主人共寝时，或是在伸展四肢、很懒散的时候，猫就会发出呼噜声。而在生病或者痛苦时，它也会打呼噜。此外，呼噜还可表示友好。

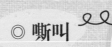

◎ 喵

声音低沉且温柔时，表示打招呼、欢迎、心情好、答话。而大声一点时，可能是抱怨或者有所乞求。

◎ 嘶叫

高亢的嘶叫声，同时嘴巴张开，舌头卷成圆筒状，且有热气呼出：这用来表示恐惧和发怒，甚至威胁对方止步，或是在困惑、有所求时发出。

◎ 警告、威胁

双耳又压低了些，眼睛更细，但是尚
未出声。

◎ 进一步发出警告声

胡须上扬，脸压扁，眼睛更细，双耳
压平。

◎ 不安、恐惧

双耳朝两侧，眼睛呈现椭圆形，瞳孔
稍微放大。

🐾 猫为什么会出现攻击行为?

猫的攻击行为是与生俱来的本能，一旦它把目标对象指向人的时候，问题就出现了。猫发生攻击有抢食、分娩、地域、恐惧这四种原因。因此，首先要做出原因判断，再寻求解决的方法。猫为食物攻击不像狗那么常见，不过它们也会为保卫自己的食物或者偷其他猫的食物而攻击对手。假如家中养有两只以上的猫，要给每只猫单独的食物碗和水碗。如果攻击行为很严重，应让它们在不同的角落甚至不同的房间进食。家中养了狗，则要把猫碗放到高处，以免狗干扰到它进食。

怀孕后的母猫，会攻击接近小猫的任何人或者动物，这是母性的本能所致。针对这个情况，可找个安静隐密的地点让猫待产，也不要过度干涉母子的生活。或者把母猫结扎，以避免它再出现攻击行为。

猫发现它的领地被侵犯时，会以嘶叫、追逐或肢体的打斗来抗议。要解决它的地域性攻击行为，可在猫6个月大以前结扎，降低它的地域性意识。也可以让猫早一点参与社交活动，但是不能让它接触外面的流浪猫。

此外，还要制止小孩的追逐和狗的攻击，这会令它过度敏感。不要突然惊吓猫，也不要把猫的便盆、食物和水放在人来人往的地方，更加不要刺激恐惧中的猫，以免猫受到威胁或者感到有可能被攻击时，产生恐惧性攻击行为。不过，通常恐惧性攻击会有明显的肢体语言作为警告，如毛发竖起、瞳孔张大、嘶叫、拱背等。

🐾 为什么我的猫爱咬人？

猫很自我，有时会在被人抚摸时突然咬人、抓人，这个因为猫需要独处的空间。针对猫咬人或抓人的异常行为，可每天花时间为猫刷毛和抚摸它，用以降低它的身体敏感度。在这个过程中，要了解猫的忍受范围，万一它出现不舒服的情形，如果开始甩动尾巴或者身体紧绷时，应该马上中止练习；若它很配合，可给予一定的零食奖励。无论如何，主人必须学会尊重猫咪的意愿，不能够强迫它。还要注意母猫不喜欢被人抚摸脖子周围，因为在交配时公猫会很粗暴地抓

咬它的脖子。另外，假如猫病痛或者受伤，可能会出现咬人的行为，这个时候需要看兽医师。

🐾 猫咪喜欢"讨食"怎么办？

有的猫在主人用餐或者做饭时，会在旁边吵着要东西吃，这样的坏习惯通常都是主人在平时宠出来的。当猫守着要吃的时候，主人千万不要以为给它一点点没关系，因为站在它的角度看，这是一种会允许和鼓励的表示。针对猫的讨食挑食，首先要评估其体重，确保它有足够的食物，然后养成定食定量的习惯。不要在正餐时间之外随便给猫吃点心，也不要在用餐时从餐桌上拿食物给猫吃，更加不要在做饭时给猫食物，这样才会让它形成只能在猫碗中进食的想法。因为植物中的纤维能够帮助猫吐出胃内的毛球，以防造成消化道不适，甚至肠

道堵塞，猫大多会咬食植物。但是一些有毒的植物和杀虫剂，会给猫带来生命危险，在家中不要养有毒的植物。把盆栽吊高或者放在猫碰不到的地方，若看见猫在吃植物，应立刻制止它。

🐾 如何应对猫咪的乱跳乱叫？

猫的活动范围很大，猫会跳到餐桌、书桌、电视，以及主人不允许它跳上去的任何地方。需要解决猫咪乱跳的行为，首先注意不要在高处留下任何食物，包括餐桌也必须擦干净，不留下味道。当猫跳到不被允许的地方时，要立刻制止，如此坚持下去，猫就不会再跳到桌上了。若猫处在发情期，可送去医院结扎，还要抽出时间与它相处、玩耍以及散步。但是如果平日安静的猫突然开始乱叫，并且不停走动，可能是生病或者受伤了，这个时候要送兽医院进行检查。

另外，若猫爱抓墙壁，可在它旁边放个猫抓板，让猫有目标地做同样的事情，以解决主人的困扰，也可在它喜欢抓的家具或其他地方贴上铝箔纸等猫不喜欢的材料，这样就可阻止它破坏家具。猫缺乏自制力，应把可能诱惑它的物品隐藏或移除，如在垃圾桶上加盖以防止猫弄翻垃圾，顺手关上厕所的门以防止猫喝马桶里的水等。当猫做出禁止的行为时，可用水枪或者喷水瓶喷它，配合"不行"的指令，就可让它留下深刻的印象。

🐾 猫尾巴不同姿势代表什么意思?

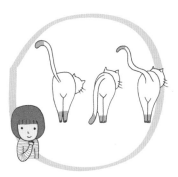

猫细长而灵活的尾巴是用来表达各种情绪和反应的工具。若猫尾巴翘得高高的,且伸得笔直,那就表示它在欢迎你,猫此刻的心情就是放松又舒服的;在被人轻轻抚摸时,猫的尾巴通常会颤抖,这代表它非常愉快并且尽情享受;猫在扑向猎物的时候,尾巴通常都垂在地上,以避免惊动猎物,但是如果在抓捕猎物时面临两难的选择,猫的尾巴会摇摆不停。

🐾 猫的呼噜声是什么情况?

猫在很多时候都会发出呼噜声,因为猫的呼噜声意味着平静、幸福,代表它在全心享受快乐,对生活十分满足。小猫刚生下来看不见,也不会打呼噜,只会借助气味寻找妈妈,几天之后,随着感官渐渐发育,它们开始辨识妈妈的呼噜声,并且同样以呼噜声来回应。虽猫的呼噜声似乎象征美好、平和,其实,猫在捕猎、身体疼痛和心理紧张时,也会情不自禁发出呼噜声。

呼噜!

🐾 为什么在抚猫时会遭到猫的袭击?

不要碰我!

猫前一秒钟还在安静地接受抚摸,转眼却性情大变,伸出爪子乱抓一通,对抚摸它的手张嘴就咬,干脆就逃到角落里,这是由于猫的心境突然发生变化。猫可能刚开始喜欢坐在人的膝盖上,尽情享受爱抚,陶醉其中,但是被人爱抚的愿望得到满足,猫就会立刻回到现实,错误以为那只伸过来的手会打它,于是出于自卫,便会立刻从人的膝盖跳起,挥起爪子向抚摸它的人抓去。

为什么有些猫看到客人就跑掉?

有些猫一看到家里有陌生的客人就会马上逃到角落,不管主人怎样呼唤都不肯出来。若猫幼年得到精心的呵护,且跟人交往不不曾经有过不愉快,那么,它就没有理由不欢迎家里的到访客人。猫看到陌生人到来突然扭头跑开,主人不要抱着扭动挣扎的猫去见客人,这样反而会导致猫更加紧张而四处乱抓。可等到猫不紧张时,鼓励客人手里拿一点食物接近猫,让猫从客人手里取食,还可让客人抚摸猫,进而建立良好的互动关系。

为什么有时猫会满屋子绕着跑?

猫有时会满屋子绕着跑,这种疯狂的行为一般发生在不能够经常到户外游玩的猫身上,这是它们释放自身的常用方法。可能因为一件小事情触动神经,便会发疯似地满屋子奔跑,拼命地追逐,它可能又突然停下来,归于平静。这种疯狂行为也可能由空气震动所引起,雷雨天时,猫能敏锐地捕捉到不正常的情形,会烦躁不安,在房子角落跑来跑去,以寻找庇护之所。

猫喜欢抓家具怎么办?

抓是猫的本能行为,猫通常在物体表面进行抓挠,以磨尖自己的指甲,并且标帜自己的领地。因此,如果猫没有办法外出,或家里没有其他猫伙伴,它很可能就会在家具上胡乱抓一通,造成家中家具的损坏。在猫想要抓挠时,主人可以用报纸卷成一个筒敲打猫的身体,同时厉声说"不",这样的方法很有效,因为猫很讨厌突如其来的声音。

🐾 猫咪把浴缸当厕所怎么办?

有些猫偶尔会把浴缸当成厕所,这样的行为原因可能在于来自污水管道的气味让猫误把那些地方当作自己的便盆。若是浴缸刚被清洗过,有清洁剂冲下废水管道,清洁剂里含有与猫尿液气味相似的化学分子,也会刺激猫在此地排泄。若猫坚持用浴缸小便,可能说明猫的便盆被放在它不喜欢的地方,猫的便盆应该放在比较隐密的角落,需要经常清洗,还不能够离它的食具太近。

🐾 猫喜欢什么样的拥抱方式?

只有正确的抱姿才能够让猫感到安全、放心,因此,主人需知道什么样的拥抱方式能够让猫喜欢。当猫很小的时候,猫妈通常会用嘴巴叼咬着幼猫后头的松毛,把它拎起来,很多人也喜欢用这种方式来抱起猫,这是一种不正确的做法。在猫成年后,这种做法会使得猫颈部肌肉承受过多的压力。拥抱猫的最佳方式是一只手环在猫前腿下面,另外一只手臂弓起托住猫的后腿。

🐾 为什么猫不爱抽烟喝酒的主人?

猫不喜欢抽烟的主人,因为它们嗅觉灵敏,非常不喜欢烟味,许多猫一闻到烟味就会立刻起身走出房间。就算有很多猫能够渐渐容忍烟味,但是对本身有呼吸系统疾病的猫,吸入烟雾只会加重它们的病情。另外,酒精不能吸引猫,正常来说,猫是滴酒不沾的,若主人把酒瓶到处乱放,让猫无意间长期饮用,可能也会培养出一只嗜酒成瘾的猫。

如何让猫乖乖地钻进笼子里？

笼子是十分重要的工具，但绝大多数的猫都宁愿忍不住要跳进一个比自己身体小一倍的盒子里面，也不愿意钻进自己的笼子里。若想要轻松地让它适应猫笼，主人在家时可把猫笼的门敞开，让猫空闲的时候能钻进去探索一番，且在笼子里放猫喜欢的玩具，让它充分感觉这是生活空间的一部分。主人出门时，如果猫挣扎着不肯进入猫笼，可先用毛巾或软布把它包裹起来，防止被抓伤，然后再坚决地把猫放进笼子里面。

开车出门，应该把猫放在哪里？

即使猫愿意安静地坐在车座上或者待在车里，也应把猫放到笼子里。因为随意在车里走动的猫对于驾驶者和乘客都是存在潜在威胁，且猫本身也有可能受到严重伤害，一个急转弯、急刹车都可能让猫撞到地上或车壁上，突如其来的猛烈动作，很有可能吓到猫。在旅途中做到绝对安全，在到达目的地后，猫也可能从敞开的车门或车窗突然跳出，那主人就有可能永远失去它了。

是不是一定要给猫戴项圈？

给猫戴项圈原因有二：一、若猫不小心走失，项圈可确认主人身份；二、帮助猫摆脱跳蚤侵扰。另外，小铃铛的项圈可阻止猫抓捕小鸟。在猫幼年时便让它习惯配戴项圈，等到猫成年后再配戴会较困难。帮猫戴项圈，不可将过紧的项圈用力往猫的头上套，会让它感觉受到威胁，会畏惧退缩。一定选伸缩性比较大的项圈，确保即使项圈被东西挂住，猫不会被勒住脖颈而发现意外情况。

🐾 猫经常跳到桌子上，怎么办?

有些猫喜欢站在桌子上来视察情况，可能是觉得好玩，也可能是期待找些好吃的。也许猫主人不在意，但这样的行为习惯很不值得推崇。猫跳到桌上，轻微的可能只是把桌上的物品损坏。想要阻止猫的这种行为，主人可严肃地对着它喊"不"，然后再轻轻地把它抱到地上。猫会对此严厉的语调有所反应，并且很快能把"不"和它的错误行为联系起来，以后会慢慢戒掉这种行为。

🐾 为什么猫喜欢人腋下的味道?

猫易被人体味道吸引，尤其是人体腋下的味道。通常它会先进行嗅闻，再把下巴和头探到腋下，用鼻子磨蹭出汗的地方，你若不推开它，它可能会把头一直埋在你的腋下磨蹭。这种行为与猫嗅闻猫薄荷草的反应几乎相同。猫在闻到猫薄荷草及人体腋下味道的时候之所以会有这样的反应，是因为这两者都有性的味道。还有人观察到猫闻到羊毛脂味道的时候，也会出现类似反应。

🐾 为什么猫对猫薄荷草异常痴迷?

有些猫对猫薄荷草叶十分痴迷，猫薄荷草会使得猫沉迷，猫会傻呼呼地把猫薄荷草当作玩具来玩，使劲拉拽猫薄荷草的叶子，甚至抛到空中追来追去，猫的这种行为会让人们很诧异。猫薄荷草之所以让猫激动不已，是因为猫薄荷草中含有一种化学物质，这种物质与未切除卵巢的母猫释放出来的气味很相似。未阉割的公猫比其他猫更加容易沉醉在猫薄荷草的神秘味道中。

🐾 从野猫到家猫的驯化过程

　　如同其他家畜一般，猫的驯化也经历了一段相当漫长的岁月，野猫开始和人类产生互动关系，应该是人类即将结束渔猎生活，形成固定居所，并开始种植谷物以及储藏作物的时候。因为储存作物的谷仓势必会引来老鼠等动物，而人类需要猫来对抗这些动物，并守护得来不易的作物。

　　野猫在家庭化的过程中，势必会有一些野性基因上的改变，以降低野猫天生的攻击性，来确保家庭化的可能。但是，这样的基因改变在何时发生，或者是否真的发生了，我们并不完全清楚。现在我们只能推测可能人们饲养了年幼的野猫，而其中一些显示出充分驯服，直到成年、怀孕生产，它们的幼猫出生后，变得比较没有攻击性，才更适合跟人类家庭生活在一起。

　　然而，家猫的野性也只是暂时隐藏在表面之下，而且，并非所有的猫咪驯服的等级都相同。在整个家猫的族群中，个性的好坏程度、等级分布是相当模糊的，有些猫的确相当温驯，但有的却还有着野性的倾向。不过，家猫的攻击性是可以通过在幼年时期与人类频繁接触中得到改善的。

🐾 猫的四种训练方式

　　猫的基本训练方式有强迫、诱导、奖励和惩罚四种。

　　训练者利用机械刺激和命令口吻的手段，让猫完成规定的一系列动作，这就是强迫训练。比如训练猫做躺下的动作，首先由训练者发出"躺下"的口令，猫却没有做出来这个动作，这个时候训练者可以用威胁音调的口令，同时结合相应的机械刺激，即用手把猫按倒，迫使猫躺下。这样重复多次之后，猫就能够逐渐形成躺下的反射。

　　利用猫爱吃的食物和自身的动作等，来诱发猫做出动作，是诱导训练。比如训练"来"的动作，训练者在发出"来"的口令同时，拿一块猫喜爱的食物在它的前面晃动，但是并不喂给它，而是一边后退，一边不断发出"来"的口令，猫会在美味食物的诱惑下跟着过来，时间长了就会形成反射动作。这种诱导方法对训练小猫最合适。

　　奖励包括食物、抚摸和夸奖等，是为强化正确动作，或者巩固已经初步形成的反射动作而采取的一种奖赏手段。奖励和强迫结合起来，才能够真正发生作用。猫在强迫下做出来规定的动作之后，需要立即给予奖励。奖励的条件也要渐渐升级，开始完成一些简单动作就可以给它奖励，但是随着训练的深入，就要完成一些复杂的动作之后才能够给予奖励。

🐾 驯猫的注意事项

　　驯猫的最好时间是在喂食之前，每次训练的时间需要适度，不可以太长，最好不超过10分钟，每天可以多进行几次训练。2～3个月大是猫训练的最佳年龄，这个年龄的猫不仅易接受训练，还可为日后的技能提升打下基础。反之，成年猫的训练难度则要高许多。驯猫时，应该选择一个比较安静的环境，嘈杂的环境会分散它的注意力，动作需要平缓，态度要和蔼，不能够发出大的声响，太突然的动作、太大的声响会把猫吓跑，使其躲起来不愿接受训练。猫不太愿意受人摆布，所以在训练时不能够受到过多的训斥和惩罚，否则会产生厌恶的情绪，进而影响训练效果。

训练猫在固定地点大小便

　　猫很爱清洁，但是也需要训练它在固定的地点大小便。一般而言，猫都会选自己第一次大小便的地方。另外，猫在便溺之后，有着自己掩埋粪便的习惯。训练方法：准备一个尿盘（畚箕、塑胶盘等），盘内装进 3 ~ 4 厘米厚的砂土、木屑或炉灰等吸水性比较强的物体，最上层放一些带有它的排泄物。当看到猫有便溺的预兆时，主人可以把猫带到便盆处，先让它闻盆内砂子的味道，这样它就会在便盆里排便，训练几次之后，就会养成习惯。为防止猫因便盆脏而更换地点，平时也要注意清洗便盆和更换垫物。

让猫咪躺下、站立、打滚

　　先训练躺下、站立动作。当猫站立时，发出"躺下"的口令，同时用手把猫按倒，强迫猫躺下。然后再发出"起来"的口令，让猫站立起来。完成动作之后，用食物和抚摸进行奖励。这样重复若干次之后，猫就会对"躺下""起来"有所反应。当猫对"躺下"的口令形成比较牢固的反应时，即可开始训练打滚的动作。当猫躺在地板上时，可发出"滚"的命令，同时慢慢协助猫翻滚，多重复几次这样的动作之后，在主人的诱导下，猫便可以自行打滚。每完成一次动作时，都应该及时奖励它，随着动作熟练程度的

加强，再慢慢减少奖励的次数，直到最后取消这一奖励。但是当猫学会一种动作之后，隔一段时间还得再给些食物奖励，以让它对该训练加深记忆。

🐾 "来"的训练

在训练前，需让猫知道它自己的名字。训练时，训练者先把食物放在固定的地点，嘴里呼唤猫的名字，不断发出"来"的口令。若猫不感兴趣，没有反应，要把食物拿给猫看，进而引起猫的注意，再把食物放到固定地点，下达"来"的口令。若猫顺从地走过来，让它把食物吃下去，抚摸猫的头部及背部，以表示鼓励。多重复几次后，猫在脑海中就会对"来"的口令形成反射动作。

🐾 衔物训练

训练前先给猫戴项圈，用以控制猫的行动。训练时，一只手拉项圈，另一只手拿着要让猫衔住的物品，一边发出"衔"的口令，强行把物品塞入猫的口腔内，当猫衔住物品时，应立刻给予奖励。接着发出"吐"的口令，当猫吐出物品后，应喂点食物并且用抚摸作为奖励。经过多次训练后，当人发出"衔"或"吐"的口令，猫就会相应地做出衔叼或吐出物品的动作。

🐾 "跳圈"训练

这里有好吃的喔!!

先把铁环或其他环状物立着放在地板上，训练者站在铁环的一侧，让猫站在另外一侧，训练者和猫同时面向环。训练者不断地发出"跳"的口令，同时向猫招手，猫偶尔会钻过环，立即给予食物和抚摸奖励。但猫若绕环走过来，不但不能够给予奖励，且还要训斥。在食物的引诱下，猫会在训练者发出"跳"的口令之后，钻跳过环。如此反复训练之后，应该逐渐升高环的高度。

🐾 带着猫咪快乐出游

　　带着心爱的猫去游山玩水，是所有爱猫人士最开心的事。但调皮的猫会配合主人的脚步吗？想要和猫共同度过美好的旅行时光，最重要的是让猫习惯并且喜欢外出。此外，需要提醒主人的是，提篮是外出的必备品，猫的任何外出，包括看医生、旅行等，都少不了它。

◎ 让猫习惯外出

　　并不是每只猫在刚开始时，就可很自在地和主人一起外出，主人必须训练猫咪，才能慢慢地让它习惯并且享受旅行。猫外出的训练最好从小开始，先要让它习惯自在地进出提篮。训练时把猫放在提篮内，在家中走动，再慢慢延伸到电梯或楼梯间。等猫习惯之后，可从散步逐渐改成坐车，扩大运动的距离。猫在坐车时，可能会产生焦虑的情绪而乱撞乱抓，所以必须先给猫修剪爪子，避免它紧张时乱抓东西，甚至抓伤人。为防止不习惯坐车的猫呕吐，最好在出发前让它禁食 4 小时，坐车前 1小时需要服用晕车药。另外，若猫太紧张甚至发出叫声，主人需要轻声叫它的名字并且安抚它，直到猫安静下来。万一没有办法使它安静下来，就不要勉强，建议先下车。等它安静之后再继续旅程，否则，猫可能会因亢奋过度而导致体温上升等危险发生。

◎ 带猫去串门

　　很多养猫的人都想带着心爱的猫去亲朋好友家中串门，让他们分享自己的快乐，也让猫有机会认识更多的朋友。在带猫串门之前，主人必须了解朋友家是否适合带

猫去，避免给别人带来不方便。通常来说，需要考虑的因素包括朋友家是否有小孩、是否有养狗、家中是否有人怕猫或者对猫过敏等因素。虽些大多数小孩都会很喜欢小动物，但是他们经常不知道怎样正确地跟猫相处：有的小朋友会追着猫到处跑，有的小朋友会拉扯它的尾巴。若朋友家有小孩，应事先教导他们，让他们知道以上动作都是猫咪不喜欢的，甚至会伤害到猫，再告诉他们怎样跟猫相处。朋友家若有狗，需要先询问狗有没有和猫相处的经历，是否会攻击猫，避免造成不快。朋友或其家人若怕猫或者对猫过敏，则不要带猫去玩。若把猫带到朋友家，应该先将门窗关好，再把猫放出来，这样是为避免猫受到惊吓冲出朋友家而走失。

◎带猫去旅行

带猫出门旅行，如果想要平安回家，就一定注意下列这些问题。首先，需要避免感染传染病，必须要定期让猫接受预防针注射，这样才不会由于感染传染病而生病，确保旅行期的健康。其次，猫在外面很易生跳蚤，最好出门前就使用跳蚤预防药。另外，猫对外面的环境不是太适应，必须要预备一个通风良好的提篮；猫还易受到惊吓而走失，主人应该给猫戴上有联络牌子的项圈，万一不小心走失，以便于找回。

带猫去旅行时，需要准备好必带的物品，包括饮用水和水碗、猫粮和食碗及旅行用提篮、猫零食，若担心猫会焦躁不安，准备有猫熟悉气味的衣服或毯子、玩具等。旅行的交通工具和寄宿都是需事先考虑的问题。选择自己开车旅行，火车上不允许带动物。搭乘飞机，除购买机票和预订舱位外，还一定要带它去指定的动物医院办理免疫证书，且注射狂犬病疫苗，再持狂犬病疫苗注射证明和免疫证书提前办理动物出入境健康证书。过程相对比较麻烦，解决猫的住宿问题则要简单得多。很多酒店都提供猫的寄宿服务，出发前可提前预订好。

猫咪生病
怎么办

猫也会生病，就像人类一样，生病之后也需得到
医护和治疗。所以主人应了解猫可能会生什么病、
怎么治疗，以确保在猫生病时不至于手足无措。
猫比其他宠物更需关心和爱护，所以若想要宝贝
猫健康快乐地生活，就必须了解一些关于猫的基
本的医疗知识。

哪些讯息暗示猫咪生病了？

◎ 鼻水和鼻分泌物

猫咪的鼻孔附近，有时候会有一块黑色的鼻屎，那是鼻分泌物和灰尘混在一起而形成的鼻屎，这些鼻屎只要经常用湿棉花清理干净就可以。

但是若有明显的鼻水流出，就需要特别引起注意。如果是清澈的鼻水，有可能是鼻子过敏，或者是猫咪上呼吸道感染的初期，这个时候最好就先带到医院接受治疗。否则，当鼻子发炎，转变成慢性鼻炎时，治疗就会变得更加困难。

当鼻涕从清澈变成黄绿色的鼻脓液分泌物时，就表示猫咪的发炎症状已经转变成慢性，严重的话，甚至还会带有血的鼻脓分泌物。这个时候若没有治疗，就会进一步造成猫咪鼻塞，影响到它们的嗅觉，且造成食欲下降，体力也跟着变差。

◎ 眼屎和眼泪

猫咪刚睡醒时，会和人一样，有一些黑色的干眼屎附着眼角上，只要轻轻擦干净，这样的分泌物是不需要太过于担心的。

但是有时候，猫咪的眼眶周围都会是红红的，有过多的眼泪分泌，导致它的眼睛张不开。有些猫咪会因为眼睛疼痛和畏光，而使得眼睛变得一大一小，或会用前脚一直洗脸，这些动作可能会让眼睛的状况变得更加糟糕。因此，当发现猫咪的眼睛有分泌物，或眼睛张不开时，先用沾湿的棉花把眼睛周围擦干净，保持眼睛的清洁，且在症状还未恶化前，带到医院检查。幼猫的免疫力比成猫差，因此，病毒感染造成的眼睛疾病更易变得严重，若没有及时带到医院治疗，甚至有可能失去视力或必须摘除眼球。

◎打喷嚏及咳嗽

猫咪有打喷嚏或是咳嗽症状出现时，不要轻视它。病毒或是灰尘从鼻腔进入之后，会刺激鼻黏膜造成打喷嚏。而咳嗽是由于病毒或者灰尘刺激鼻腔，引起打喷嚏。这个是正常的生理现象，不需太过担心。此外，有些猫咪喝水时，不小心进到鼻子里，或者是闻到比较刺鼻的气味时，也会刺激鼻黏膜造成打喷嚏。

另外，有时猫咪吃得太快，会因为呛到而有咳嗽症状，若只是短暂地、一次性发生，可先观察不需太过担心。夏天冷气刚开时，冷空气刺激猫咪的气管，也可能造成猫咪突发性的咳嗽。

但是，当气管发炎、肺部发炎或者是心丝虫感染时，猫咪会出现喀喀声，类似人的哮喘。这个声音的形成，主要是由于发炎导致气管变窄，空气通过狭窄的气管时发出的。有些猫奴看到猫咪咳嗽，会以为它是在干呕，但是又吐不出东西，因此易误把这个症状当成呕吐。

◎流口水及口臭

唾液在口腔内起到润滑食物的作用，并且具有杀菌功能。当嘴巴咀嚼食物时，会与唾液混合，让食物易于通过食道，进入胃中，而唾液中的消化酶也会先消化部分食物。在正常情况下，唾液是自然流入食道内，但是当口腔发生问题时，唾液没有办法正常流入食道，就容易流出嘴巴。不过有些猫咪在紧张或者是吃到不喜欢味道的东西时，也会一直流口水。

此外，猫咪的口腔内，无论是牙龈、口腔黏膜或者舌头，若有发炎现象时，都会使得它的嘴巴发出恶臭味。同样如此，当猫咪体内的器官发生疾病时，也有可能出现口臭症状。

◎呕吐

虽说猫咪是很容易呕吐的动物，但是若每日都呕吐，就一定需要注意。猫咪经常会因为理毛时舔入过多的毛，造成毛球症引发呕吐；有时候也会由于吃得太急或者太多，造成饭后没多久就呕吐。很多猫奴也不清楚什么情况下的呕吐可在家观察，什么情况是需要紧急送往医院治疗。

◎呼吸困难

呼吸困难的症状，就是呼吸加速以及呼吸变得用力。严重时，还会出现腹式呼吸、张口呼吸。猫咪的呼吸速率约为每分钟 20~40 次，当猫咪在完全放松情况下，呼吸次数超过 50 次时，就必须要注意，可与医生讨论是否需要就诊。但夏天炎热时，若只开风扇，猫咪也可能因为热而呼吸很快，甚至张口呼吸。

◎异常进食

食欲不振或者不吃，在很多疾病中都会发生，猫咪只要生病，都会变得不想吃饭。但有些疾病反而会让猫咪吃得非常多。在正常提供食物以及正常运动的情况下，猫咪每日的进食量大都是固定的，若发现猫咪突然开始一直在讨食的动作，或者是一直处于饥饿的状态下时，就一定要引起注意。

◎喝水量异常增加

当发现猫咪喝很多水时，需要引起注意！猫咪原本不是会喝很多水的动物，再加上平时若喂饲罐头，猫咪喝水的次数会更少。一旦发现每天水盆的水量明显减少，或是猫咪蹲在水盆前的时间变长时，就需注意是不是有泌尿疾病的发生。除喝水量增加外，也会增加排尿量，能通过清理猫砂的量，来判断猫咪的尿量是否有增加。

◎排便

猫咪由于喝水量不多，并且直肠会进一步把粪便中的水分吸收掉，使得粪便较硬、较短，就像羊大便那样一粒粒的，以人类角度来看，会觉得猫咪很像便秘。但是也有猫咪的粪便是呈现条状的。此外，有一些猫咪会由于食物改变，造成粪便的状态也跟着改变，很有可能是软便或者拉肚子。

排便状况是猫咪健康的指标，每天观察其颜色、形状、性质，便可知道猫咪是不是生病。特别是严重的水痢便、血便以及呕吐时，会造成猫咪严重脱水，精神食欲变差，可能是急性肠胃炎、猫泛白细胞减少症感染、癌症等，严重时就会危及猫咪生命，因此，最好是先带到医院做检查。

◎ 上厕所困难

当发现猫咪一直在猫砂旁跑，但是清理猫砂时，却没有发现有任何大便或者猫砂尿块时，可能就需要注意猫咪的上厕所状况了。猫咪在上厕所时，若感觉很用力、困难，甚至蹲的时间很久，却都没有看到排尿或者是排便时，可能有泌尿道或者肠道方面的疾病。另外，有些猫咪会在用力上厕所之后出现呕吐的症状，这有可能是由于过度用力造成的。

◎ 异常舔毛

正常的猫咪，一天之中会花 1/3 的时间理毛，如吃完饭及上完厕所之后都会有理毛行为。但是若猫咪花更多的时间在舔毛，还会有轻微拔毛的症状，那就不属于正常范围。通常猫咪在焦虑以及不安的状况下，会有过度舔某处被毛的动作，且造成该区域脱毛。此外，疼痛、受伤或者有痒感时，也有可能会造成猫咪过度舔毛。另外，如果发现猫咪异常舔毛，可能是有敏感性皮肤炎、心理性过度舔毛等问题。

◎ 睡觉

当猫身体不舒适的时候，睡觉的时间就会变长，连睡觉的姿势也会有改变。但是当猫咪不舒适的时候，一般会躲在角落或者暗处，不愿意出来，并且休息的姿势大多数是"母鸡蹲坐姿"。如果连平时喜欢吃的罐头、零食都会变得不喜欢吃，甚至是连闻都不闻，就需要特别注意，猫咪很有可能真的生病了。

🐾 帮猫咪测量体温、心跳及呼吸数

猫咪的正常体温为 38 ~ 39.5℃，当体温超过 40℃时，猫咪有可能是发烧。发烧的猫咪除了体温过热外，有时候连呼吸也会变得较浅并且快速，精神及食欲也会明显地变差，有些猫咪甚至会不吃，睡觉时间变长。不过，在夏天，如果室内温度过高，或者猫咪剧烈运动之后，体温也有可能高于 40℃。

猫咪的正常体温比人类要高一些，给猫咪测量肛温时，一般使用人用的温度计。大部分的猫咪在量肛温时都会挣扎并且会很生气，所以也可测量耳温，但是注意耳温会比肛温稍微偏低。不过测量耳温时，务必使用动物专用耳温枪，由于猫咪耳道是弯曲的，人用耳温枪没有办法准确测量猫咪的耳温。

猫咪的正常心跳数为每分钟120~180 次。呼吸次数超过 50 次，甚至出现明显的腹式呼吸或者张口呼吸时，猫咪很有可能生病了。呼吸过快或者用力呼吸，大部分都与上呼吸道（鼻腔至气管部分）、肺和胸腔的疾病有关。

通常来说猫咪肚子的起伏会以为是心跳，其实是呼吸造成的起伏，猫咪的心跳是不易用肉眼观察出来的。计算呼吸或者是心跳数，最好是在猫咪安静休息的时候，由于玩耍之后或者生气时，都会造成呼吸或心跳增加，测量结果不太准确。另外，夏天，若室内闷热没有开电扇或者冷气时，猫咪的呼吸以及心跳次数也易增加。

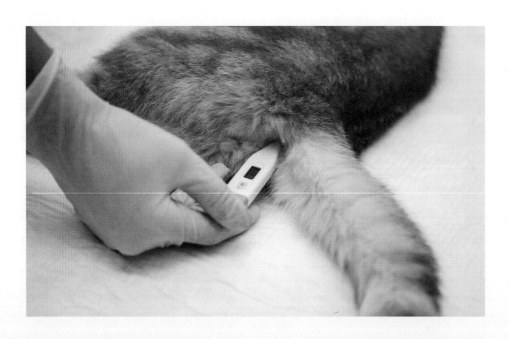

🐾 如何在家给猫咪"体检"？

◎身体与牙齿检查

我们会经常到医院为自己做一个全身的健康检查。所以，千万不能够忘记宝贝猫，它们也一样需这样全面的检查。这样，我们就可把危害猫健康的疾病有效扼杀在萌芽状态，进而消除疾病隐患。在检查牙齿时，主要检查猫是否患有牙周疾病。看一下齿龈是否有出血、充血、肿胀等情况，齿颈周围组织是否感染发炎，是否有臭味脓汁，牙齿是否松动，齿槽是否突起，牙周膜和周围齿龈组织部分或者是否全部已经脱落……如果存在以上情况出现，应尽快进行治疗。

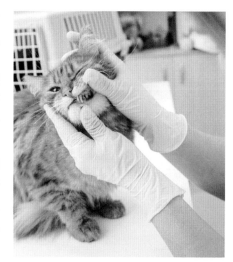

◎肛门检查与触诊原则

健康的猫，肛门干净且没有粪便，所以需要经常把猫的尾巴撩起来看一下肛门，也能够观察到一些情况，有利于及时对猫的健康情况做出判断。由寄生虫所引起的疾病和直肠生病，都可直接反映在肛门部位。肛门处粪便污染严重，可能是肠炎的症状。肛门处若有米粒大小的白色颗粒，那是绦虫的一种，这种虫长 15 ~ 30厘米，由若干个 1 厘米左右像黄瓜子一样的体节连缀而成。如果有绦虫出现，可能患有绦虫病。

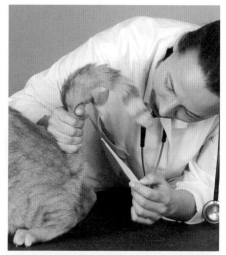

触诊主要是观察猫腹部周围的大小以及腹壁的紧张度。腹部胀气的表现为腹部周围急遽增大、腹壁紧张、敲击时声音响亮（如同鼓声）。腹部下围增大，但用手触压多半有波动感，对于这种情况大多数是由腹水引起；腹壁紧张，甚至腹围变小，且触之敏感，则需要注意是否有腹膜感染或腹痛；若外腹下部肿胀，可能有腹下部水肿。

Part

猫咪生病怎么办

喂药的方法与技巧

古人言"良药苦口"，偏偏猫咪们天生最怕吃苦，让兽医师以及猫奴都挖空心思想让猫咪乖一点吃药。就算医生有再好的医术，若猫咪拒绝吃药或者猫奴没有喂药，到头来都是白忙一场。或者你会想："不能吃药？那就住院打针啊！"但是天天打针不但花费惊人，也让猫咪深受皮肉之苦，而且不是所有的治疗药都有针剂。所以，你还是要学会如何让猫咪乖一点吃药。

◎帮助猫咪找到好吃的药

大部分的口服药都很苦，猫专科医生必须找到一些好吃的常用药，才能够让猫咪顺利接受完整治疗。国外有一些动物药厂会针对猫咪推出很多好吃的药，但是国内的猫咪就没有这么幸运了，由于这样的药市场太小，没有厂商愿意进口，所以医师必须学会神农氏尝百草的精神，不断地挑选以及亲身尝试，找到猫咪能够接受的口服药，以最简单方便的药粉或者药水的方式喂食。

◎第一次喂药十分重要

对于猫咪来说第一次喂药是十分重要的，若你曾经喂猫咪吃过不好吃的药水，造成猫咪严重排斥以及口吐白沫之后，它这辈子就很难以接受这类液体的药物，就算再美味可口也会拒绝。有的猫咪看到喂药用空针筒就开始抓狂反抗，一看到空针筒就口吐白沫。所以，第一次喂药的经验是十分重要的，不熟悉猫科治疗的医生就可能犯这样的错误，让以后的治疗变得困难。

◎药粉及药水

通常可直接喂食的药粉或者药水，都是适口性好或者药物味道不重的，不然就算是再喜欢吃化毛膏或是罐头的猫咪，都宁可把最喜欢吃的东西放一旁，看都不愿意看一眼。不过也有一些猫咪只要闻到一点点药味，就没办法接受。

○喂食药水

①把液体药物充分摇匀。

②左手扶着猫咪的头向上倾斜约45度，并且稍微以拇指和食指固定猫咪的头部。

③右手拿着已经抽取好药物的针筒，食指及中指夹住针筒，轻压针杆，药物就会流出。

④把针筒放在猫咪嘴角的齿缝（大概是在犬齿后方），配合猫咪舔舐的动作，缓慢地把药水挤入。如果猫咪无口吐白沫症状出现，则可持续缓慢地把剩余药水挤入嘴角齿缝。

⑤如果猫咪出现口吐白沫症状并且顽强抵抗时，应该停止喂药，并且与医师联络讨论。

◎药片及胶囊

大多数药物药片及胶囊是苦的，若猫咪必须要服用这样的药物，你必须学习怎样喂食猫咪服用胶囊及药片，并让猫咪养成这样习惯，最好趁它年幼时早点学会。

○喂食药片及胶囊

①把胶囊或者药片放于喂药器的匣子内，并且把推进杆后抽试着发射一次，看看药物是否能够顺利射出。

②取一个3毫升空针筒抽取约2~3毫升饮用水。

③一手握持猫咪头部使其后仰，让鼻子、颈部和胸部都在同一平面上。这样的动作会使颈部肌肉呈现高度紧张状态，猫咪的嘴巴就易张开。

④另外一只手的食指以及中指夹住喂药器，拇指轻压喂药器推进杆底部。

⑤快速地把喂药器伸入口腔，并且把药物射在舌背根部。

○性格好的猫咪可以尝试用手喂药

①左手食指和拇指扣住猫咪的颧骨，轻轻把头抬高，让它的下巴和颈部呈现一直线，并且用右手把猫咪的嘴巴打开。

②右手的拇指和食指拿着药片。

③将药片放在舌根部。若药放得不够深入，猫咪的舌头很容易把药顶出来。

🐾 猫咪的四季防病策略

◎春季——注意发情期与换毛期

　　春季是猫咪发情和换毛的季节。1～3月是发情高峰期,母猫会表现出食欲不振,精神兴奋,在夜间发出比平常大声的叫声。同时,公猫也会外出寻找配偶,甚至还为争夺配偶打架,造成意外的伤害。所以,应该特别注意发情与交配的管理,对外出回家的猫要仔细进行身体检查,发现外伤应及时治疗。春季是换毛的季节,这一时期要注意帮猫咪清洁皮肤和梳理被毛,以防引发皮肤病。

◎夏季——防止中暑及食物中毒

　　夏季气候炎热,空气潮湿,要注意预防中暑。猫的体表覆盖着被毛,又缺乏汗腺,对热的调节功能差,当外界温度过高时,特别是在高温潮湿的夏季易发生中暑。因此,夏季的猫窝应放在阴凉、通风的地方。天气热会影响猫的食欲,导致其消瘦。高温潮湿的环境最适合细菌、真菌等微生物繁殖,所以还要防止猫食物中毒。夏季的猫食应做加热处理,最好用新鲜的热食喂猫,每次喂食量不宜过多,以免剩余食物变质。凡腐败变质的各类食物,均不能喂猫。

◎秋季——预防感冒及呼吸疾病

　　到了秋季,猫的食欲会变得旺盛,主人应提高饲料的品质并增加分量,以增强猫的体力。猫此时又进入了一个繁殖季节,要注意求偶外出的猫有无外伤和产科方面的疾病,在春季管理中提到的注意事项仍应加强。此外,深秋昼夜温差变化大,应注意保温和加强锻炼,预防感冒及呼吸疾病发生。

◎冬季——多晒太阳增强体质

　　在冬季,猫的室外活动减少,易造成肥胖症,主人应增加室内逗玩运动。另外,可让猫在晴朗的日子多晒太阳。阳光中的紫外线不仅能消毒杀菌,而且还能促进钙的吸收,促进骨骼的生长发育,可防止小猫发生佝偻病。还要注意室内保温,如果用火炉取暖,要注意防止猫咪被火炉烧伤;如果用煤气取暖,更要防止煤气中毒。室内外温差大,如果猫突然受到冷空气的刺激,易发生感冒,严重时可引发呼吸道疾病,所以最好保持室内温度的稳定。

😺 猫咪呕吐的应对方法

猫咪呕吐时怎样判断需要立马带到医院，还是先在家里观察？请见下面分析。

◎出现吐未消化的食物颗粒、管状未消化食物、未消化的是食糜、胃酸混唾液

1 | 猫咪吃晚饭之后立马吐吗？只吐1次还是连续吐2~3次？ → 吐完之后仍然有食欲，吐完之后精神还是很好。 → 可先在家中观察，或者是打电话到医院询问。

2 | 每次吃完食物都会吐？不吃食物只喝水也吐，吐出许多的水？呕吐次数很频繁，一天连续吐好几次？ → 吐完之后精神食欲变得差，甚至不想吃了。发现猫乱吃，有残留下来的东西，比如塑胶。 → 建议带到医院，向医生咨询，看一下是否需进一步的检查。

3 | 每天都吐1~2次，已经持续几周到几个月，精神食欲正常或者稍稍变差。 → 有可能是慢性呕吐，建议带到医院咨询医生，并且做进一步的检查。

◎出现吐毛球

经常会吐好几次。吐出的胃液中会有少量的毛或毛球。不太会影响精神食欲。 → 换毛季节时，需要时常帮猫咪梳毛，定期给猫咪吃化毛膏。需要预防毛球引起的肠阻塞。

🐾 猫咪腹泻、便秘怎么办？

◎猫咪腹泻治疗

1 不要喂不宜消化的食物，保证饮水，切记不要喂生水、不要喂过咸的食物。
2 注意猫咪生活环境的卫生和温度，若条件允许的情况下，每天晒 1 ～ 2 小时的太阳。
3 辅助喂食一些有助于消化的药物，例如干酵母片之类的。

◎猫咪便秘治疗

1 静脉点滴或者皮下点滴：若便秘十分严重，会造成猫咪食欲下降、呕吐次数增多、肠道吸收水分能力变差引起脱水。在这种状况下需要输液治疗，用来改善猫咪的脱水情况。
2 灌肠：严重便秘的猫咪需通过灌肠来帮助排便。最好是在麻醉状况下灌肠，减少猫咪的紧张以及不舒服感，以15~20毫升/千克体重的温水来灌肠（不需要添加其他油剂，把黏膜的刺激和损害降低到最低）。
3 合理的饮食搭配：喂食便秘专用的处方饲料，以易消化以及低质量的食物为主。也给予高纤维食物，帮助软化大便并且刺激排便，但是需要考虑高纤维食物往往会产生大量粪便，还有可能会恶化结肠的扩张。
4 软便剂：软便剂可使得比较硬的粪便软化，易排出。

◎猫咪便秘预防

通过平常观察猫咪排便次数和粪便的软硬程度，以及正常的饮食来预防便秘的发生才是最基本的做法。同时，选择一些会让粪便比较软的食物，以及定期灌肠，对于预防便秘也是相当重要的。

· 传染性很高的疾病——腹膜炎 ·

　　传染性腹膜炎是一种猫肠道型冠状病毒突变而来的病毒。肠道型冠状病毒造成的肠胃炎大多数是轻微并且短暂的下痢，并且不会危及生命，除非变异成猫传染性腹膜炎病毒。小于1岁的猫发病率比成猫高，有可能是因为免疫力的降低和病毒快速复制，但是突变原因尚不清楚。

STEP1
症状

　　感染初期会出现发烧、嗜睡、食欲降低、呕吐、下痢以及体重降低等症状。一般来说分成湿式传染性腹膜炎和干式传染性腹膜炎。传染性腹膜炎会造成体重降低，让猫咪的背脊变得明显，若是湿式腹膜炎，会产生腹水、腹部胀大，导致猫咪呼吸困难。而干式腹膜炎会出现眼部病变和神经症状，甚至会在许多脏器形成脓性肉芽性芽肿，导致器官衰竭。

STEP2
诊断

　　临床上需要做到完全确诊是困难的，由于没有一个单一、简单的诊断检查可诊断传染性腹膜炎，因此必须综合下列各种因素诊断：

1　来自收养所或者是猫舍的年轻猫。

2　有葡萄膜炎或者是中枢神经症状。

3　有60%的感染猫血清球蛋白增加、白蛋白减少，导致A/G比 < 0.8。

4　间歇性发烧。

5　白细胞减少，肝指数正常或者轻微上升。

6　湿性传染性腹膜炎的胸水或者腹水呈稻草黄色，比较黏稠。

STEP3
治疗

　　目前并没有比较有效的方法，一般还是给予点滴以及抗生素的支持性治疗，或者给予免疫制剂，干扰素和保健品来延长生命。

✚ 猫咪常见皮肤病的护理

　　最近几年来，猫咪患皮肤病的倾向有所增加，这些原因可能与空气污染、紫外线、环境改变、营养不良、药物过度给予等有关。然而，皮肤疾病有多种，下面列出几个猫咪比较常患的皮肤疾病。

◎ 过敏性皮肤炎

　　过敏的概念是基于免疫系统对物质过度的反应，但这种物质一般不会在体内发现。食物性过敏性皮肤炎，是猫咪对食物或者食物添加物引起的过敏反应，若重复给予过敏性食物，就会加重皮肤的症状。这类过敏性皮肤炎可能发生在任何年龄。不过，猫咪的过敏性皮肤炎以跳蚤性皮肤炎的发病频率为最高，其次才是食物性过敏性皮肤炎。

STEP1
症状

　　食物性过敏性皮肤的特征是非季节性瘙痒，对类固醇的治疗反应不好，瘙痒的部位可能局限在头和颈部，但是也有可能到躯干和四肢。皮肤可能会出现脱皮、红斑、粟粒状皮肤炎、痂皮、皮屑等，也可能会发生外耳炎。

STEP2
诊断

　　可用显微镜检查，以排除霉菌以及寄生虫（如疥癣）和跳蚤所造成的皮肤病，并且搭配过敏原检测。

STEP3
治疗

1　抗生素治疗：以防止二次性细菌感染造成的脓皮症或者是外耳炎。

2　给予止痒剂：瘙痒可给予止痒剂，补充必需脂肪酸（皮肤营养剂）。

3　食物简单化：可给予低过敏原的饲料（比如水解蛋白的食物）。

◎猫粉刺

猫粉刺一般发生于成年猫或者老年猫，幼猫比较少发生，于下巴部位会有黑色分泌物堆积，就像人类的黑头粉刺一样，若有合并感染，就会形成毛囊炎，另外有可能会导致下巴肿大。粉刺的确切成因不清楚，大多与猫咪本身毛发清理工作不干净有关，当然也可能继发于毛囊虫、皮霉菌病或者马拉色氏霉菌属感染。从另外一方面看，原发性的粉刺问题也可能会继发细菌或霉菌感染。

**STEP1
症状**

猫的下巴处和尾巴上的皮肤变黑、红肿、毛毛变稀少，毛根部有很多细细的小黑点，用手去擦的话会发现毛很容易地被擦下来，有黑点的部位有皮肤明显发红，擦的时候能感觉猫会疼。

**STEP2
症状**

①外观：外观是最确切的诊断依据，比如猫咪的下巴总是脏脏的，并且如果有继发感染时，就可能会出现下巴肿胀、结节、红疹、痂皮。
②实验室诊断：对于这样的病例也不应该轻视而随意诊断，最好先进行拔毛镜检，观察是否有霉菌孢子，如果有皮肤渗出液出现，应该用玻片直接加压于病灶，风干之后染色镜检。
③细菌培养：当怀疑有继发感染时，细菌及霉菌的培养是必需的。
④切片检查：若初步治疗无良好改善，就应该考虑进行皮肤生检。

**STEP3
治疗**

大部分粉刺不需治疗，仅仅只是美观上的问题，如果有继发性或者猫奴坚持时才需医疗的介入，并且只能够对症处理，无法根除。

1　初步治疗时，局部的剃毛会有助于局部药物的涂敷，可涂敷局部抗生素软膏，每天 1 ~ 2 次。在涂抹抗生素之前，可先用棉花或者是卸妆棉沾温水，覆盖住下巴上 30 ~ 60 秒，让毛孔打开，使得药物更加容易渗透进去。

2　下巴也可视状况定期清洗，约每周 1 ~ 2 次，清洗前先热敷几分钟，让毛细孔扩张，再用药用洗毛剂局部轻柔按摩清洗，但是有些猫咪可能会产生皮肤刺激作用，可改用其他温和的洗剂。

✚ 饮食不当易使猫咪患泌尿系统疾病

◎ 发病成因

泌尿道疾病发生的原因，包括猫干饲料、猫食中含高量灰分（矿物质）、产生高pH的猫粮，但是最主要的还是喝水量的多少有影响。除了喝水量的多少及食物中营养成分的摄取外，性别的不同和季节的改变也可能会影响泌尿道疾病发生的概率。

○ 性别

由于母猫的尿道短且较公猫宽，较细小的结石易排出体外，不容易尿道阻塞，但相对也较易患细菌性感染引发的膀胱炎。

○ 季节

猫的下泌尿道疾病在冬天发生的几率比其他季节高。冬天，猫咪会因天气变得不爱动，喝水的意愿也降低，上厕所的次数少，导致细菌感染的机会增加，尿液中的结石易形成。

STEP1 症状

①频繁地跑猫砂盆，一天会跑十几次。
②蹲猫砂盆的时间很久，却不见排尿，有时候会被误认为便秘。
③上厕所时会低鸣。
④排尿量减少（猫砂块变小，并且猫砂块变多块）。
⑤尿的颜色带血（可发现猫砂块上带有血丝）。

STEP2 诊断

①触诊：触诊时会发现膀胱可能很小或者胀大并且坚硬，胀大的膀胱随时有破裂的可能，因此务必小心。
②血液学检查：需要了解肾脏是否受到损害或者是评估电解质状态可透过血液学检查得知。尿道阻塞会导致 BUN 和 CRSC 升高，这些血液数值会在缓慢阻塞 48 ~ 72 小时后恢复正常。

STEP3 治疗

非阻塞性下泌尿道疾病引起的典型膀胱炎已经有很多治疗方式，大部分都可以治愈。抗发炎药或者解痉剂是最常用的方法。

✚ 注意猫咪可能传染给人的疾病！

◎弓形虫

　　弓形虫是一种原虫类寄生虫，比较常见，有200种以上的哺乳类以及鸟类都会被感染，人类也会被感染，孕妇感染弓形虫之后会导致死胎或者流产，而弓形虫也是艾滋病患者的主要死因之一。因此，弓形虫是重要的人畜共通传染病。

STEP1 症状

①弓形虫的临床症状会影响个别器官，最易影响的器官是肺、肝、肠和眼睛。

②成猫跟人一样，就算感染了弓形虫多半不会出现临床症状，能自行恢复并且形成抗体。

③幼猫的感受性比成猫强，另外会由于急性感染而死亡。

④厌食、发烧、嗜睡、腹泻、呼吸困难、痉挛、眼睛异状及黄疸是最为常见的临床症状。

⑤怀孕母猫和孕妇感染弓形虫之后，弓形虫会经由胎盘移动，导致胎儿由于先天性感染而造成流产或者死胎。

STEP2 诊断

以血清抗体试验，测量免疫球蛋白 lgG 和 lgM 的抗体。

STEP3 治疗

猫咪可口服抗生素 4 周来治疗弓形虫感染。

✚ 猫咪中毒的急救

不管是什么样的物质，只要过量摄取，都有可能变成伤害身体的物质。一般把吃入比较少量的物质，引发猫咪生病的状态称为中毒。猫咪对这些毒物有敏感性，比如清洁剂或者食物中的防腐剂。但是猫咪发生中毒的几率相对比狗低，可能是由于猫咪对吃的东西比狗狗更加挑剔吧！在大部分中毒病例中，只要能够及时清除有毒物质，并且给予对症和持续治疗，就能够增加猫咪存活的机会。

猫咪中毒时，可能会有呼吸困难、神经症状（痉挛等症状）、心跳速率过快或者过慢、出血或者虚弱等症状。

紧急处理

1 若怀疑猫咪出现中毒现象，应该立即联络你的兽医，电话中要确切地告诉医生猫咪的症状。若能够确认中毒前后猫咪的状况、原因和怀疑可能吃入的物质及呕吐物，最好都告知。

2 若猫咪有呕吐症状，可把呕吐物用干净的容器或者塑料袋装起来，带到医院给医生进行检测，这对于确诊和治疗会有很大的帮助。

3 对于中毒，一般的处理措施是催吐。在吃入有毒物质后 1~2 小时内催吐是有帮助的，但是若吃入的是刺激性或者腐蚀性的物质，就需要避免催吐。

另外，也可提供一些抑制毒物吸收的物质，并且给予输液治疗。以上的判定以及治疗最好由医生来决定。

4 若有毒物质附着在毛上，猫咪可能会由于有讨厌的污垢而去舔，造成中毒的危险，可用温水及洗毛剂洗净。不过必须是在猫咪状况还正常时才这么做，若猫咪已经虚弱无力，就需要赶紧送去医院治疗。

✚ 猫咪癫痫的急救

导致癫痫的原因有许多，某种物质造成的中毒、肾脏病、低血糖以及肝病等，都有可能让猫咪发生癫痫。癫痫通常会在5分钟内停止，但是也有可能会重复好几次。若癫痫持续5分钟以上，就算是危险的状况，一定需要找出病因并且加以治疗。在猫咪发生癫痫时，请暂时不要做出任何处理，等它冷静下来。有些猫咪在发作之前会变得比较焦虑，或者会因为一点小声音被吓到，也可能会出现不正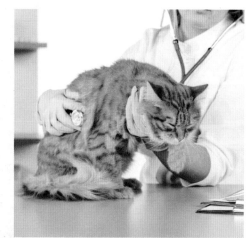

常的叫声，这个时候就必须特别注意猫咪的行为。癫痫发作时，猫咪可能会有大小便失禁、口吐白沫、发抖和没意识的四肢划动等症状。发作完之后，猫咪常常会变得焦虑或者是疲惫无力，甚至有一些猫咪会容易饥饿。当猫咪发作完之后，请把它送至医院接受检查以及治疗。

紧急处理

1　癫痫发作的当下，为不让它受伤，可把四周危险的物品移开。

2　不要强制抱住它，猫咪癫痫时无意识。

3　在猫咪癫痫的同时，可用手表记录发作时间，并且把次数记录下来。

4　若可以，也可把影像拍下来，能够让医生更加了解猫咪的状况。

5　等到它冷静下来之后，用毛巾包裹住，然后移到阴暗并且安静的地方休息。

6　猫咪严重癫痫时，时常会口吐白沫，可用卫生纸轻轻擦拭干净，避免造成呼吸不畅通。

7　平静下来之后，猫咪可能已经筋疲力尽。一边安抚猫咪，并且赶快去医院接受治疗。

✚ 猫咪外伤的急救

当猫咪发生意外事故，若没有明显的外伤流血，一般猫奴不会特别注意到。有时猫咪的外表虽然看起来好好的，但是有可能内脏和脑部已经受到损害，特别是当猫咪的鼻腔和口腔内有血流出来，有可能是内脏破裂以及出血，切勿掉以轻心。

紧急处理

1 猫咪发生意外时，需要先观察猫咪的情况，是否站得起来、身躯是否有不自然弯曲等。

2 把猫咪平放在大箱子内，尽量不要让它曲着身体。

3 送医院途中，若猫咪的口鼻有血液流出，用卫生纸把血液清理干净，保持呼吸道畅通。

✚ 猫咪脚骨折的急救

当猫咪走路一跛一跛的，或者是走路的样子十分奇怪，脚可能会缩起来、脚变形，或者有骨头露在外面等状况时，表示猫咪可能骨折了。应该尽量安抚猫咪，在移动猫咪的过程中，动作尽量不要太大，以减少它的紧张以及疼痛。

紧急处理

1 当发现猫咪有骨折时，为不弄伤患部的神经和血管，建议把猫咪放在比较大的提篮或者箱子内。

2 箱内放厚一点的毛巾，尽量可能安静地搬运到动物医院，不摇晃猫咪。

3 固定骨折的脚对猫奴而言可能会有点困难，因此不用勉强，只要减少猫咪的移动和紧张，尽快送往医院治疗。